집중의 힘

집중의 힘

잠재력을 집중력으로 바꾸는 뇌 과학

아오토 미즈토 지음 · 김나은 옮김

북스힐

한국어판 서문

한국 독자 여러분, 안녕하세요.

수수께끼에 둘러싸인 뇌를 즐겁게 연구하다 보니 제가 좋아하는 한국 독자분들과 이렇게 인연을 맺게 되어 매우 기쁩니다.

사실 이전에도 한국에서 뇌 신경 과학으로 본 well-being을 주제로 강연한 적이 있었는데, 그 당시 "한국에서도 책이 나오면 좋겠네요!"라고 농담 반 진담 반으로 한 말이 놀랍게도 현실이 되어 저로서는 한국을 소중한 인연으로 생각할 수밖에 없습니다.

다시 한번 한국에서 여러분을 만나 이야기를 나눌 수 있는 날이 오기를 고대하겠습니다.

DAncing Einstein 대표
아오토 미즈토

프롤로그

나이와 상관없이 누구나 집중력을 키울 수 있다!

먼저 이 책을 손에 든 당신께 감사의 인사를 전한다. 나는 주식회사 댄싱 아인슈타인DAncing Einstein의 대표 아오토 미즈토이다. 나를 잘 모르는 분들이 많을 테니 간단하게 내가 어떤 삶을 살았고, 무슨 일을 하는지 이야기하려 한다.

나는 일본에서 고등학교를 중퇴한 뒤 미국 UCLA(캘리포니아 대학교 로스앤젤레스 캠퍼스)의 신경 과학과를 조기 졸업했다. 그리고 지금은 뇌 신경 과학의 지식을 의학뿐 아니라 학습과 교육, 성장에 응용하고, AI 기술을 활용한 'NeuroEdTech®'와 'NeuroHRTech®'라는 새로운 분야를 개척하고 있다. 이 분야에서 몇 가지 특허를 취득했고, 신기술을 이용해 '뇌×교육×IT'를 접목한 사업을 추진하고 있으며, 그와 관련한 회사를 운영하고 있다.

이러한 이야기를 듣고 당신은 어떤 인상을 받았는가? 요컨대 나는 **최신 뇌 신경 과학을 배우고, 끊임없이 연구하여 얻은 지식을 사람들의 성장에 활용하는 일**을 하고 있다. 그런데 왜 내가 집중력에 관한 책을 썼을까? 그 이유는 앞서 말한 '고등학교 중퇴', 'UCLA 신경 과학과 조기 졸업'과 관련이 깊다.

특출나게 공부를 잘한 것도 아닌 내가 UCLA에 입학하고, 조기 졸업까지 할 수 있었던 이유는 **집중력을 잘 활용했기 때문**이다. 새로운 것을 배울 때나 빠른 암기가 필요할 때, 다른 문화권에서 소통해야 할 때 등 **여러 상황에서 필요한 집중력을 적절히 활용하면 원래 가진 능력보다 더 큰 힘을 발휘할 수 있다.**

나는 호기심과 내가 처한 상황에 이끌려 많은 실패를 반복하면서 집중력 사용법을 몸소 체험하고 습득해 왔다. 지금 돌이켜 보면 뜻밖에 일이 잘 풀린 적도 많았다.

그러나 UCLA에서 신경 과학을 배우면서 직접 겪고 터득한 집중력 사용법과 우연히 잘 풀린 사건, 뼈아픈 실패의 경험 대부분이 뇌 신경계의 작용과 관련이 깊다는 사실을 깨달았다. 즉 **집중력을 높이고 유지하는 데에는 법칙이 있어서 그 메커니즘을 배우고 활용하는 법을 익히면, 나이와 상관없이 누구나 집중력을 키울 수 있다.**

신경 과학은 뇌와 신경계를 세포와 분자 구조부터 연구하는 학문이다. 풀기 힘든 숙제로 여겨졌던 신경계 연구는 2000년대에 들어서면서부터 과학 기술의 발전으로 눈부신 성과를 이루었다. 그리고 2010년대 이후로는 연구 내용을 정리한 논문이 잇달아 발표되면서 이제까지 베일에 싸여 있던 집중력과 뇌 신경계의 연관성, 그리고 이를 뒷받침하는 여러 증거가 발견되었다.

이 책은 이러한 **뇌 신경 과학이라는 최신 학문을 통해 '뇌의 집중 상태'**

로 알아보는 집중력 유지법, '초집중'을 끌어내는 집중력 향상법을 알기 쉽게 설명하고 실용적으로 엮은 책이다.

4단계로 알아보는 집중력의 메커니즘과 집중력 향상법

먼저 간단하게 이 책의 구성을 살펴보겠다. 서장에서는 내가 고등학교를 중퇴하고 UCLA에 입학하기까지의 경험을 집중력과 연관 지어 이야기한다. 누가 이 책을 썼는지 궁금하다면 이대로 책을 읽어 나가길 바란다.

이어서 1장에서는 '왜 원하는 만큼 집중력을 발휘할 수 없는가?' 하는 고민에서 출발해 집중력의 토대가 되는 주의력과 뇌의 사고 네트워크를 설명한다. 뇌 신경 과학의 연구에 따르면 **집중력 향상을 진심으로 원하고, 집중력을 높이기 위해 노력하면 나이와 상관없이 집중력을 발휘할 수 있다**고 한다.

2장에서는 잠시 집중력에서 벗어나 '심리적 안정'에 대해 알아본다. 심리적 안정은 집중력을 높이는 데 중요한 요소이기 때문이다. 불안이나 두려움을 느끼면 뇌는 혼란에 빠지고 집중력은 떨어진다. 멀리 돌아가는 듯해도 결국에는 **마음을 편안하게 하는 방법을 익히는 것이 집중**

력을 높이는 첫걸음이다.

3장에서는 흔히 한 단어로 쓰이는 '집중력'이 실은 4가지로 나뉜다는 사실을 밝힌다. **이 책에서 언급되는 '4 Focus'는 이 4가지 집중력을 말한다.** 예를 들어 눈앞에 놓인 과제나 업무에 몰입할 때 발휘하는 집중과 내면으로 의식을 돌려 생각을 정리할 때 발휘하는 집중은 서로 다르며, 사용하는 사고 네트워크 또한 다르다.

이 4가지 집중력을 알고 있으면 집중이 필요할 때 어떤 사고 방법을 활용해야 하는지 알 수 있다. 그리고 상황에 맞는 집중력 향상법과 활용법도 소개하므로 집중력을 효율적으로 사용하는 데 필요한 힌트를 얻을 수 있을 것이다.

마지막으로 4장에서는 '집중력 에너지 시스템'을 파헤쳐 본다. 호기심과 부담감, 도파민과 노르아드레날린, 이 두 에너지원이 어떻게 집중력의 질을 높이는지 그 메커니즘을 설명하고, 높은 집중력을 유지하는 비법을 소개한다.

1 집중력의 메커니즘을 밝힌다.

↓

2 집중력의 토대인 심리적 안정을 얻는 법을 배운다.

↓

3 4가지 집중력을 알아본다.

↓

4 집중력의 질을 높이는 에너지 시스템을 이해한다.

집중력을 높이는 4단계

1 집중력의 메커니즘을 밝힌다.

2 집중력의 토대인 심리적 안정을 얻는 법을 배운다.

3 4가지 집중력을 알아본다.

4 집중력의 질을 높이는 에너지 시스템을 이해한다.

이것이 이 책의 큰 흐름이다. 그리고 각 장에는 **오늘부터 당장 실천할 수 있는 간단하고 효과적인 연습법과 실천법**이 실려 있다. 모두 뇌 신경 과학 지식을 바탕으로 하며, 강연과 세미나에서 이를 실천했던 많은 참가자에게 호평을 얻은 방법이다. 직접 실천해 본 참가자들의 후기를 일부 소개하겠다.

- "뇌와 신경계의 메커니즘을 이해하는 일이 이렇게 재미있을 줄 몰랐어요. 모호하게 생각했던 감정과 행동, 집중에도 이해가 필요하다는 사실에 놀라움을 감출 수 없었습니다." (40대 남성)
- "앞으로 배운 것을 실천하면서 성격과 행동을 긍정적으로 바꾸겠습니다. 업무에서도 일상에서도 긍정적으로 대처하며 살아갈 수 있을 것 같아요." (40대 남성)
- "뇌를 변화시키는 것은 인생을 바꾸는 일이라고 생각합니다. 앞으로 시간을 내서 나 자신과 깊이 마주하겠습니다." (30대 남성)
- "이전보다 행복하고, 인생의 힌트를 얻은 듯해요." (20대 여성)

집중력을 높이면 일이나 공부를 할 때 능률이 오를 뿐 아니라 기억력, 사고력, 발상력, 창의력을 최대로 발휘할 수 있고, 그것이 행복으로 이어진다는 의견이 많았다.

급성장하는 사람의 뇌에서 일어나는 일

강연에서 평소 집중력에 관해 어떤 고민을 하는지 물어보면 이러한 대답이 주를 이룬다.

- "업무가 바빠지면 부담감 때문에 집중력이 떨어져요."
- "자격증 공부를 하려고 마음먹어도 집에 돌아오면 아무것도 하기 싫어집니다."
- "같은 시간을 근무해도 회사 동료는 꾸준히 성과를 내요. 나와 무슨 차이가 있는 건지 알고 싶어요."
- "모처럼 집중하고 있는데 문자가 와서 답장하는 사이 집중력이 흐트러져요."
- "흐트러진 집중력을 원래대로 되돌리는 데 오랜 시간이 걸려요."

절로 고개를 끄덕이게 하는 말들이지만, 뇌 신경 과학과 집중의 관계를 배운 지금은 어떻게 대처하면 좋을지 그 해답이 보인다.

예를 들면 **부담감을 무기로 삼아 집중력을 높이는 방법도 있다.** 이는 스트레스를 느낄 때 분비되는 호르몬인 노르아드레날린을 내 편으로 만들어 단기간에 집중력을 끌어올리는 방법이다. 자세한 원리는 4장에서 설명하겠지만, 초조한 마음이나 밀려오는 부담감도 잘 이용하면 집중력을 높이는 데 도움이 된다.

나 또한 UCLA에 입학한 뒤 노르아드레날린을 적절히 활용해 매일 같이 힘든 시간을 이겨 냈다. 원래 4년에 걸쳐 이수하는 신경 과학 수업을 되도록 빨리 배우고 일찍 졸업하고 싶었기 때문이다.

비싼 학비와 하루빨리 또래를 뒤쫓아야 한다는 부담감은 나를 초조하게 했고, 일본에 있는 친구들은 취직해서 경제적으로 자립한 반면, 이제야 대학생이 된 내가 한심해 보였다. 이대로는 안 되겠다는 생각이 들었다.

그래서 **다른 학생들보다 1.5배, 2배의 속도로 학과 수업을 이수하고 조기 졸업하겠다는 목표를 세웠다.** 목표를 세우는 일은 간단했지만, 실행으로 옮기기는 매우 힘들었다.

UCLA에서 이루어지는 수업은 세계 최고 수준이자 가장 앞선 방식이었다. 수업 내용을 알아듣기는 힘들었지만 학비를 줄이기 위해 장학금과 월반을 노렸기 때문에 다른 학생들의 배로 수업을 들었다. 따라가기 힘든 수업은 녹음을 하고, 녹음한 것을 그날 밤에 모두 받아 적으며 복습했다. 물론 수업뿐 아니라 연구 활동도 했다. 당시에 나는 의학 분야에서 뇌를 연구하는 의사가 되고 싶었는데, 그 길로 가려면 병원에서 봉사 활동도 해야 했기 때문이다.

매일 수업과 연구, 봉사 활동, 예습과 복습까지 꽉 찬 일정에 잘 시간조차 없는 나날이 이어졌다. 2시간만 자는 날이 2주 동안 이어지던 시험 기간에는 온몸에 찌릿한 통증이 느껴져 오른쪽 다리를 질질 끌며 다닌

적도 있다. 신경계를 공부하고 있는데 신경에 문제가 생기다니 얼마나 얄궂은 일인가.

하지만 아무리 어려운 상황일지라도 **바라고 바라던 뇌 신경 과학을 배우는 일은 늘 즐거웠다**. 호기심으로 두근거릴 때 뇌에서는 도파민이 분비되어 집중력이 높아진다.

지금 돌이켜 보면 호기심과 부담감이 동시에 작용해 집중력을 발휘한 것이다. 덕분에 힘겨운 2년을 무사히 견딜 수 있었다.

당신의 주변에도 갑자기 눈에 띄는 성장을 보이는 사람이 있을지 모른다. 프로 선수나 예술가가 급성장을 보이는 사례도 호기심과 부담감이라는 두 개의 톱니바퀴가 맞물려 집중력을 발휘했기 때문이다.

왜 집중력을 키우고 싶은가?

당신은 왜 집중력에 관심을 두고 이 책을 읽으려고 하는가? 그 이유를 찾는 일도 집중력을 높이는 데 효과가 있다.

나의 경우, UCLA 캠퍼스를 구경하러 간 순간부터 그곳에서 뇌 과학을 공부하고 싶다는 강한 열망이 생겨났다. 귀국한 뒤에도 유학을 준비하면서 **몇 번이고 UCLA에서 공부하는 내 모습을 그려 보았다**. 그리고 반복된 상상이 캠퍼스를 방문했던 사건 기억과 그곳에서 두근거림을 느꼈던 감정 기억을 강화해 공부에 전념할 수 있는 집중력의 토대를 마련해 주었다.

계속해서 희망을 품는 일이 중요하다고 말하면 영적이고 신비한 힘을 떠올릴지도 모르겠지만, **뇌 신경 과학의 관점에서 보아도 이는 의미 있는 행동이다.** 희망으로 가득 찼던 기억이 강하게 남으면 뇌는 긍정적인 쪽에 주의를 기울이고, 꿈을 이루기 위해 적절한 행동을 하기 때문이다. 나는 잠들기 전에 UCLA의 캠퍼스 사진을 보면서 히죽히죽 웃으며 이미지 트레이닝을 하곤 했는데, 그러자 의식적으로도 무의식적으로도 성공적인 유학길에 오르는 데 필요한 알맞은 선택을 할 수 있었다.

그러나 현실의 벽은 매우 높았다. 학력도 낮고 영어 실력도 부족한 내가 정말 UCLA에 들어갈 수 있을까 하는 불안감이 찾아오는 날도 있었다. 그래도 긍정적인 생각으로 주의를 돌리는 습관을 들이자 불안할 때 분비되는 노르아드레날린을 불타는 집중력으로 바꿀 수 있었다.

'호기심으로 두근거리는 도파민 선행형 집중'에 **'압박감으로 불타오르는 노르아드레날린 선행형 집중'**을 더해 어떻게든 장벽을 뛰어넘을 수 있었다. 그 밑바탕에는 뇌를 향한 호기심과 UCLA에서 공부하고 싶다는 긍정적인 욕구가 있었다. 지금 돌이켜 보면 내가 높은 집중력을 발휘하는 데에는 이 두 요인이 큰 도움이 되었다.

이 책에서는 과학적인 근거를 바탕으로 뇌와 집중력의 관계를 설명

한다. 책을 읽다 보면 공감하는 부분도 있고, 생각하던 것과 다르다고 느껴지는 부분도 있을 것이다. 되도록 **'다름'을 느끼는 부분을 주의 깊게 읽어 주었으면 한다.**

이를 '차이 인식'이라고 하는데, 차이 인식은 뇌가 차이를 인지할 때 어떻게 하면 차이를 좁힐 수 있을지, 좁힐 필요가 있는지, 좁힌다면 어떻게 해야 할지 이리저리 다양한 가능성을 검토하는 과정이다. 즉 차이를 인지하면 뇌는 학습 상태에 들어가고, 자기 나름대로 해결책을 찾기 시작한다. **이 책에 쓰인 집중력에 관한 지식이 당신의 상식과 다른 부분이 있다면 그것을 배우고 성장하는 기회로 삼기 바란다.**

많은 위인이 "실패에서 멈추기 때문에 실패하는 것이다.", "성공할 때까지 계속하면 성공한다."라는 말을 남겼다. 차이를 깨닫고 차이를 좁히기 위해 노력해도 잘 안 될 때가 많지만, 애초에 학습은 실패의 연속이다. 잘 풀리지 않을 때는 원인을 정확하게 직시하고 인지하면 된다. 또 실패를 통한 배움이 매우 좋은 경험이라고 해석하면 부정적인 기억도 긍정적으로 바뀌어 다음 행동을 하는 원동력이 된다.

왜 집중력을 키우고 싶은가? 당신이 생각하는 성장이란, 그리고 행복이란 무엇인가? 이러한 근본적인 질문을 머릿속에 넣어 두고, 자문자답을 거듭하면서 이 책을 읽어 나가길 바란다. 이 책을 다 읽을 즈음에는 놀랄 만큼 집중력이 향상된 자신을 발견할지도 모른다. 당신이 집중력을 갈고 닦는 데 이 책이 도움이 되기를 진심으로 바란다.

DAncing Einstein 대표 아오토 미즈토

차례

한국어판 서문 5

프롤로그

나이와 상관없이 누구나 집중력을 키울 수 있다! 6

4단계로 알아보는 집중력의 메커니즘과 집중력 향상법 8

급성장하는 사람의 뇌에서 일어나는 일 12

왜 집중력을 키우고 싶은가? 14

서장
불가능을 가능하게 하는 '창조적인 집중'

어떻게 고등학교를 중퇴하고 UCLA를 조기 졸업했는가? 24

능률을 높이는 열쇠는 바로 '뇌' 26

세계적인 뇌 연구 중심지에서 공부하겠어! 27

희박한 가능성에 승부를 걸고 UCLA에 합격하다 30

집중력을 원동력 삼아 불가능을 가능으로 32

창조적인 집중이 나의 세계를 넓힌다 35

1장
'집중하는 뇌'가 삶을 풍요롭게 한다

작업 능률을 높이는 것만이 '집중력'이 아니다 40

우리는 눈앞의 1,000분의 1만 의식한다 42

'무엇에 집중하는가'에 따라 행동이 변한다 45
집중력을 높이려면 긍정적인 '기억 드리븐'을 만들자 47
'뇌에 사는 두 명의 나'를 내 편으로 만들자 49
● 부정성 편향을 줄이는 메모법 52
기억이 뇌 구조를 바꾸고 행동을 변화시킨다 55
긍정과 부정, 어느 쪽에 주의를 기울이는가 57
집중력을 깊이 이해하려면 뇌를 알아야 한다 60
당신의 편도체는 행복한가, 불행한가? 62
● '행복한 편도체'를 만드는 행복 포인트 64
뇌의 메커니즘은 'Use it or Lose it' 원칙 66
신경 세포와 신경 회로는 나이와 상관없이 성장한다! 68
행운은 찾아오는 것이 아니라 붙잡는 것이다 71
집중하는 뇌는 변화에 강한 뇌 73

2장
왜 집중력을 유지하지 못하는가?

집중력을 유지하는 조건은? 78
맑은 뇌와 열정적인 뇌 80
집중력을 높이려면 일단 집중을 잊자 82
새롭게 발견한 '뇌의 알아차림 네트워크' 84
궁지에 몰리면 머릿속이 하얘지는 이유 86
집중을 방해하는 불안·두려움·스트레스 대처법 87
심리적 불안을 알아차리고 심리적 안정에 주목하자 89
● 하루 동안 '알아차린 순간'을 기록하자 92
심리적 안정과 관련 깊은 자율 신경 작용 95

- 마음을 차분하게 하는 호흡법 & 루틴 99

호흡법이 어떻게 능률을 높이는가? 102

최고의 집중력으로 바꾸는 스위치 104

- 심리적 안정을 유지하는 3단계 107

3장
뇌 신경 과학으로 본 '4가지 집중력'

몰입하는 집중력과 창의적인 집중력은 다르다 114

안인가 밖인가? 넓은가 좁은가? 116

- 입문, 기명, 부감, 자재 4가지 집중력 120

많은 사람이 '밖으로, 좁게' 입문 집중에만 의존한다 123

익숙지 않은 3가지 집중력을 재발견하자 125

집중력, 발상력, 상상력은 나이와 상관없이 키울 수 있다! 127

새로운 배움에 필수인 '밖으로, 좁게' 입문 집중 128

한발 앞서 행동을 예측한다 131

자신과 대화하는 '안으로, 좁게' 기명 집중 133

주도적인 의사 결정이 흔들림 없는 행동을 낳는다 136

과거 기억과 새로운 배움의 만남 138

- 입문 집중을 활용한 기억력 향상법 141

자신과의 대화로 'Deep Think(깊은 사고)' 143

- 기명 집중의 감각을 익히는 명상법 146

작은 변화를 알아차리는 '밖으로, 넓게' 부감 집중 148

사전 지식이 있어야 부감 집중이 작동한다 150

뇌의 알아차림이 중요하다 152

공상을 펼치는 '안으로, 넓게' 자재 집중 156

뇌에 사는 두 명의 내가 만나 아이디어를 만든다 ___ 158
● 자재 집중 상태일 때 떠오른 말을 기록한다 ___ 161
● 예술과 자연을 만끽하며 부감 집중과 자재 집중을 키우자 ___ 164

4장
최고의 집중력을 만드는 에너지 시스템

'에너지 시스템'을 활성화하는 동거인 ___ 168
집중력에 영향을 미치는 3가지 신경 전달 물질 ___ 171
도파민 선행형인가, 노르아드레날린 선행형인가 ___ 174
'열정적인 뇌'를 만드는 도파민 ___ 178
● 도파민이 분비되는 순간 의식을 집중하는 방법 ___ 183
균형 잡힌 집중력을 유지하는 베타 엔도르핀 ___ 185
놀 땐 놀면서 베타 엔도르핀을 활성화한다 ___ 186
● 유산소 운동으로 베타 엔도르핀의 분비를 촉진한다 ___ 189
위기 상황에서 집중력을 높이는 노르아드레날린 ___ 191
● 노르아드레날린 선행형 집중을 유지하는 방법 ___ 194
노르아드레날린이라는 부채질 ___ 197
● 음악으로 기분을 전환해 집중력을 높인다 ___ 200
집중력을 행복으로 바꾸는 3가지 방법 ___ 203
원하는 것을 상상하면 뇌가 목표를 이룬다 ___ 205
집중력을 활용해 꾸준히 성장하는 삶 ___ 207

에필로그
당신의 마음을 움직이는 불씨는 무엇인가? ___ 209

참고문헌 ___ 214

서장

불가능을 가능하게 하는 ‘창조적인 집중’

어떻게 고등학교를 중퇴하고 UCLA를 조기 졸업했는가?

지금부터 내가 어떻게 뇌와 신경계에 흥미를 느끼게 되었는지, 그리고 신경 과학과에 들어가 학업을 이어가는 데 집중력이 얼마나 큰 도움이 되었는지 이야기하려 한다. 높은 집중력의 효과를 보여주는 실제 사례로써 어떤 사람이 이 책을 썼는지도 밝힐 겸, **고등학교를 중퇴하고 미국 UCLA 신경 과학과를 조기 졸업하기까지 집중력의 도움을 받았던 경험**을 소개하겠다.

지금의 나는 틈만 나면 의학 논문을 훑어보는 '뇌 마니아'로 불리지만, 어린 시절에는 밖이 어두컴컴해질 때까지 공을 던지던 야구 소년이었다. 초등학교 3학년 때, 나는 한 살 아래인 남동생과 함께 동네 야구팀에 입단했다. 그 팀의 감독은 고교 야구의 명문인 히로시마상업고등학교의 에이스로 고시엔 대회(일본 전국 고교 야구 선수권 대회-옮긴이)에서 우승한 경험이 있고, 정신 수련 비슷한 훈련을 받아 온 사람이었다.

그 팀에서 야구의 기초를 배운 나는 초중고 시절에는 오로지 야구에만 몰두했다. 고등학교 2학년 때에는 에이스 등번호를 달았으며, 장래에는 고시엔에서 경기를 뛰겠다는 꿈을 품고 있었다.

그러나 **고등학교 2학년 가을즈음, 가슴부터 어깨까지 커다란 통증과**

함께 불편함이 느껴졌다. 당시의 나는 앓는 소리 없이 참고 견디며, 열심히 해야 한다고 믿었기 때문에 경기를 계속 뛰었다. 하지만 아픔을 참아가며 공을 계속 던져도 좀처럼 나아지지 않았고, 금방 한계에 부딪히고 말았다.

그때 모두에게 아프다는 사실을 털어놓고 치료를 받았더라면 삶이 달라졌을지도 모른다. 하지만 당시에는 부상으로 자리를 빼앗기는 것이 무엇보다도 싫었다. 그러나 결국 그 일로 인생에서 늘 함께했던 야구를 그만두게 되었다.

고시엔 대회 출전을 목표로 야구에 열중했던 열여덟 살의 나는 인생의 목표를 잃어버렸다. 공부해야 할 이유도 찾지 못했을뿐더러 등교하면 야구를 하는 친구들과 마주치는 것이 괴로워 고등학교도 중퇴했다. 그렇다고 열정을 불태울 만큼 하고 싶은 일을 바로 찾을 수 있는 것도 아니었다.

주변의 차가운 눈초리와 한 번 발을 헛디딘 자에게 보내는 사회의 냉랭한 시선을 받으며, 나는 암흑기라고 할 만큼 힘든 시간을 보내야 했다. 그런 내 삶에 한 줄기 빛이 보이기 시작한 것은 2년, 3년이 지나 대학에 진학한 친구들이 취직을 고민하기 시작하던 무렵이었다. 그제야 나는 **'앞으로 나는 무엇을 하고 싶은가?'** 하고 진지하게 나 자신에게 물어보았다.

아무리 생각해도 유년 시절부터 계속해 왔던 좋아하는 야구를 하고 싶다는 대답만 떠올랐다. 하지만 야구 선수가 되는 것은 현실적으로 불가능했다. 다른 길은 없을까 하고 찾던 중 **'뇌'에 대해 알고 싶다는 열망**이 불현듯 샘솟았다.

능률을 높이는 열쇠는 바로 '뇌'

왜 갑자기 뇌에 관심을 보이게 된 것일까? 그 계기는 초등학교 시절 야구 감독님께 받았던 훈련과 가르침이 기억났기 때문이다.

지금 돌이켜 보면 감독님은 멘탈 관리를 중시하던 분으로 다양한 정신 수양법을 가르쳐 주셨다. 특히 인상에 남아 오랫동안 실천했던 방법은 단전에 집중하는 호흡법과 시합 전에 눈을 감고 마음을 차분히 가라앉히는 명상법이었다. 중고등학교 시절의 나는 이유도 모른 채 이 방법들을 실천하며 그 효과를 체감했는데, **시합 전 명상을 하고 안 하고에 따라 능률이 달라졌고, 단전을 의식하면서 호흡을 하면 침착하게 경기를 치를 수 있었다.**

하지만 이성적으로는 그 방법들이 어떻게 내 몸에 긍정적인 변화를 가져왔는지 알지 못했기 때문에 그 원리가 궁금했다. 나는 그때까지 책과 담을 쌓고 살았는데, 이상하게 운동과 정신에 관한 책은 읽기 힘들지 않았고 오히려 가슴 뛰고 재미있었다.

단전 호흡과 명상이 왜 능률을 높이는 것일까? 정신을 단련하면 긍정적인 효과가 나타나는데 이는 뇌와 깊은 관련이 있다. **아무래도 의문을 풀 열쇠는 뇌에 있는 듯했다.** 그러나 당시에는 뇌와 정신의 깊은 연관성에 관해 쓰인 책은 있었지만, 뇌가 어떤 상태일 때 능률이 높아지는지와 같은 뇌 신경 과학의 영역을 파고든 책은 찾기 힘들었다.

뇌를 공부하면서 하나를 이해했다고 생각하면 다시 모르는 것이 무수히 튀어나왔다. 찾아보면 찾아볼수록 미궁 속에 빠져드는 것이 오히려 **너무 새롭고 재미있어서 의문을 풀고 싶다는 욕구가 점점 커져 갔다.**

뇌를 자세히 알기 위해서는 어디에서 무엇을 배워야 할까? 이 질문에 떠오른 대답이 **'의대에 진학하는 것'**이었다. 다만 나는 초등학교와 중학교 때에는 야구에만 몰두해 있었고, 고등학교는 중퇴했으며, 학교 공부와는 거리가 멀었다. 그래도 의대에 도전할 수 있었던 이유는 가족의 지지와 야구 덕분이었다.

세계적인 뇌 연구 중심지에서 공부하겠어!

당시의 나는 의대에 갈 수 있을지 없을지는 마음먹기에 달렸으니 그저 열심히 하면 된다고 생각했다. 그런 단순한 생각을 할 수 있었던 이유는 야구 덕분이었다. 돌이켜 생각해 보면 야구도 처음부터 잘할 수 있는 운동은 아니다. 수비나 배팅, 투구도 처음에는 서툴지만, 연습을 거듭할수록 실력이 향상된다.

처음에는 잘하지 못해도 꾸준히 노력하면 실력이 향상된다라는, 야구 소년 시절에 겪었던 '**성장 사건 기억**'과 '**실력이 늘어 기뻤던 감정 기억**'(자세한 내용은 본문에서)이 나에게 동기를 부여했고, 힘이 되어 주었다. 도망치듯 달아났던 야구를 통해 귀중한 배움을 얻은 것이다.

마침내 맨땅에 헤딩하듯 죽을힘을 다해 공부해서 의대 시험에 응시했다. 그때 내가 할 수 있는 최선의 노력을 다했지만 보기 좋게 모두 떨어졌다. 2년, 3년을 더 도전했지만 모두 불합격이었다.

그동안 치른 모의고사에서는 점수가 높았기 때문에 조금은 자신감이 붙었던 터라 솔직히 크게 낙담했다. 나는 실전에 약한 것일까? 아니면 아무리 공부해도 쫓아갈 수 없는 것일까? 왜 그런지 이유도 모른 채 자포자기하는 마음마저 들었다.

어쨌든 나는 의대 시험으로부터 도망치고 싶었다. 야구에 이은 두 번째 도망이었다. 하지만 그 와중에도 반드시 뇌 과학을 공부하고 싶다는 열망만은 이상하게도 사그라들기는커녕 점점 강해졌다. 비록 시험에는 떨어졌지만, 나에게는 착실하게 공부하는 습관이 남아 있었다.

좌절 속에서도 뇌 과학을 배울 다른 방법이 없는지 찾아보았다. 왠지 일본의 의대는 나와 맞지 않는 듯했고, 분명 다른 길이 있을 것이라고 믿었다. 나는 포기할 듯 포기하지 않았다.

여러모로 다른 방법을 찾아 수소문하던 중 미국인 지인이 **뇌 과학을 정말로 배우고 싶다면 미국에 가라**고 조언해 주었다. 조언을 듣자 '그래, 미국이야! 평범하지 않은 길을 걸어온 사람도 받아 줄 것 같아!' 하고 제멋대로 기분이 들떴다. 하지만 중고등학교 영어 수업 시간에는 '일본인인 내가 왜 영어를 배워야 해? 필요 없잖아.' 하고 한 귀로 흘려듣던 학생이었기 때문에 영어를 전혀 구사하지 못했다. 시험에 나오는 영어만 겨우 할 수 있었다.

그래도 왠지 모르게 미국에서 뇌 과학을 공부하면 멋질 것 같다는 생각이 들어 가벼운 마음으로 미국 대학의 정보를 찾아보기 시작했다. 미국에서 뇌 과학을 배우고 싶은 사람은 보통 뇌 신경 과학을 전공한다고 한다. 그러고 나서 의사가 되기 위해 의대에 진학하거나 연구에 전념하기 위해 연구자의 길을 가기도 하고, 원한다면 둘 다 가능한 길도 선택할 수 있다는 사실을 알게 되었다.

나는 원래 뇌 과학을 공부하고 싶다는 욕구에 따라 움직였으므로 **세계적인 뇌 연구 기관의 거점인 UCLA 신경 과학과에 들어가면 원하는 것을 배울 수 있을 것이라는 예감이 들었다**. 흥분으로 안절부절못하던 나는 1주일 뒤에 미국으로 날아가 UCLA 캠퍼스를 직접 방문했다. 그곳은 매우 넓고 아름다웠으며, 뇌 과학 연구동만 네다섯 채가 서 있었다.

이제야 밝히지만, 수업에도 몰래 들어가 보았다. 영어가 들리지 않아 내용을 알아들을 수는 없었지만, 교수님도 학생들도 모두 몸을 앞으로 숙이고 진지한 눈빛으로 공부에 열중하는 분위기는 충분히 전해졌다.

여기에 들어가면 세계 최고의 최신 뇌 과학을 배울 수 있으리라는 확신이 들었다. '반드시 이 학교에 들어가겠어!' 하고 결의를 다지게 해 준 꿈같은 시간이었다.

희박한 가능성에 승부를 걸고 UCLA에 합격하다

귀국 후 다시 UCLA에 들어갈 방법을 찾아보았다. 그런데 고등학교 성적이 필요하다는 사실을 알고 깜짝 놀랐다. 정문으로는 들어갈 길이 없었다.

샛길이라고 말하기에는 험난하지만, 그래도 가능한 길은 남아 있었다. 그것은 **미국의 커뮤니티 칼리지Community College라고 하는 2년제 대학에 들어가 우수한 성적을 받으면 UCLA에 편입할 수 있는 제도**였다. 실제로 내가 목표로 한 뇌 신경 과학과에도 매년 커뮤니티 칼리지 출신의 학생들이 몇 명씩 편입했다.

이 제도를 이용하면 고등학교 성적은 상관없었다. 다만 커뮤니티 칼리지에는 매년 미국뿐 아니라 전 세계에서 수많은 학생이 몰려들었다. 입학시험이 특별히 없고 학비도 저렴한 데다가 어학원에 들어가듯 비교적 쉽게 입학할 수 있기 때문이다.

하지만 **그 안에서 몇 명밖에 뽑지 않는 편입생이 되기 위해서는 우수한 성적을 받아야 하는 것은 물론, 의무인 과외 활동도 열심히 해야 하고, 지역 커뮤니티에서 봉사 활동도 해야 했다. 게다가 UCLA의 원하는 학과에 들어가고 싶은 이유와 마음을 담은 자기소개서도 써야 했다.** 제법 힘든 싸움이 될 것이라는 사실을 알았지만, 나는 유학을 결심했고 로스앤젤레스로 향했다.

막상 입학해 보니 미분적분학, 생물, 화학, 물리 등 커뮤니티 칼리지의 수업을 듣는 데에는 수험 공부할 때 쌓아 놓은 기초가 큰 도움이 되었다. 다만 교수님이 구사하는 영어는 속도가 빨라서 무엇을 말하는지 알아듣기 힘들 때가 많았다. 그래서 반드시 녹음기를 가져가 수업 내용을 녹음했고, 나중에 몇 번이고 다시 들으며 복습을 반복했다. 그러는 동안 속도를 2배속, 2.5배속, 3배속으로 해도 내용을 알아들을 수 있게 되었고, 영어 듣기 실력이 크게 향상되었음을 실감했다.

그렇게 반년을 지속하자 매우 효율적으로 수업을 이수할 수 있었다. 그 결과, 성적은 꾸준히 만점에 가까운 수준을 유지했다. 또한 봉사 활동에도 최선을 다했으며, 열의를 담은 자기소개서도 작성하여 UCLA 편입 시험에 합격했다.

미국 사회의 장점은 하면 한 만큼 인정해 준다는 점이다. UCLA 외에도 **UC 버클리 대학교, 샌디에이고 대학교 등 원서를 제출한 모든 대학에서 합격 통지를 받았다.** 일본에서 의대 시험에 모두 떨어졌던 일도 다시 떠오르면서, 주체할 수 없는 기쁨을 느꼈던 그때의 기억이 지금도 선명하다.

집중력을 원동력 삼아 불가능을 가능으로

지금까지 고등학교를 중퇴한 뒤 UCLA에 입학하기까지의 과정을 되돌아보았다. 입학한 뒤에는 매우 빡빡한 일정에 정신없이 시간이 흘렀는데, 강연에서 체험담을 이야기하면 가장 먼저 내가 한 선택에 대한 질문을 많이 받는다. 가령 의대 시험을 목표로 했던 일, 영어 회화 실력이 서툴러 불안한 마음을 안고 커뮤니티 칼리지에 입학했던 일, 2년 후

편입이라는 희박한 가능성에 승부를 걸었던 일을 듣고 **어떻게 좌절하지 않았는지, 타고난 머리가 좋았기 때문에 보통 사람보다 학습 속도가 빨랐던 것은 아니었는지, 영어도 그렇고 특별한 재능이 있었던 것은 아니었는지** 묻곤 한다.

공부와 관련해서는 초등학교 때 겪었던 일이 또렷하게 기억난다. 국어가 서툴렀던 나는 시험을 볼 때마다 가슴이 두근거렸다. 엄했던 국어 선생님은 점수가 낮은 학생에게 점수 옆에 해골 그림이 그려진 도장을 찍은 뒤, 시험지의 모서리를 접어서 돌려주었다. 그런데 모서리의 접힌 부분 사이로 커다란 해골 그림이 보였기 때문에 친구들은 누가 해골 도장을 받았는지 알 수 있었다.

때문에 나는 매번 해골 그림을 받을까 봐 두려워하며 시험을 치러야 했다. 말하자면 나는 원래 머리가 좋지도 않았고, 보통 사람보다 학습 속도가 빠르지도 않았으며, 공부에 재능이 있는 편도 아니었다.

그렇다면 어떻게 좌절하지 않고 희박한 가능성에 기대어 커뮤니티 칼리지에 들어가겠다는 결정을 내린 것일까? 내 나름대로 생각해 보면 야구에서 배운 '성장을 인식하는 힘' 덕분이었다. 그 경험과 더불어 **'호기심'과 '집중력'이 결단을 내리는 원동력이 되어 주었다**.

뇌에 대한 호기심과 나의 가능성을 믿고 해야 할 일에 몰두하는 집중력. 이 2가지가 고등학교 중퇴 후 UCLA 입학이라는 희박한 가능성을 현실로 만들어 주었다. 그리고 직접 뇌 신경 과학을 배우면서 놀라운 사실을 발견했다. 그것은 **호기심과 집중력이 과학적으로도 관련이 깊**

다는 사실이었다.

내가 그 시기에 다른 사람보다 높은 집중력을 발휘했던 이유는 호기심이 생길 때 뇌에서 분비되는 도파민의 효과 덕분이었다. 자세한 내용은 4장에서 설명하겠지만 무언가를 알고 싶거나 배우고 싶고, 하고 싶다는 강렬한 호기심이 발동하면 뇌에서는 도파민이 분비된다. **도파민이 전전두엽에 작용하면 집중력이 높아지고, 해마와 편도핵에 작용하면 기억력이 향상되어 학습 능률이 오른다.**

호기심을 가지고 무언가를 배울 때 집중력은 자연스럽게 향상된다. 당시 나는 쓸모없는 일은 없으니 무엇이든 배워 보자는 마음가짐으로 무턱대고 돌진했다. 그때 나의 뇌는 집중력을 발휘해 새로운 발견과 놀라움을 선사했고, 다음 호기심을 자극해 더욱 집중력을 높이는 선순환을 일으켰다.

뇌 과학을 공부하고 싶다는 강한 욕구가 진심이었기에 급속도로 학습 능력이 향상되었고, 주변에서 놀랄 만한 선택을 주저 없이 내렸다. 그리고 **이러한 일은 모든 사람의 뇌에서 일어날 수 있다.**

타고난 재능이 없어도 일정 조건을 충족하면 누구나 높은 집중력을 발휘할 수 있다. 도파민의 효과는 그중 하나다. **뇌 신경 과학의 연구 덕분에 집중력을 다루는 과학적인 방법이 보이기 시작했다.**

창조적인 집중이 나의 세계를 넓힌다

호기심을 원동력으로 한 **호기심 드리븐Driven 집중은 우리를 마음 가는 대로 향하게 하고, 배움의 세계로 이끈다.** 따라서 그 누구와도 다른 나만의 배움을 얻을 수 있다.

또 호기심 드리븐은 특정 분야에 머무는 것을 허용하지 않는다. 마음이 이끄는 대로 나아가다 보면 어느새 나의 세계가 넓어진다. **그러한 배움의 경험이 쌓여 갈수록 뇌는 자신만의 발상을 하게 된다.**

실제로 나도 뇌 과학을 배우면서 의학 분야에서 지식을 응용하는 일보다 사람의 행복과 성장에 흥미를 느끼면서 관심사가 확장되었다. 그러자 그 분야와 관련된 뇌의 작용이 궁금해졌고, 관련 교육과 인재 양성에도 관심이 생겼다.

뇌의 관점에서 사람의 성장에 호기심이 생기다 보니 수험과는 상관없이 미취학 아동부터 대학생까지 폭넓은 연령대의 성장을 연구하게 되었다. 지금은 인재 양성을 위해 신입 사원, 현장 리더, 대기업 임원 등 각계각층의 사업가들과 생생한 현장에서 만나고 있다.

이렇듯 다양한 분야에서 다양한 연령대의 사람들을 만나다 보니 기술의 힘을 빌려야 했다. 때문에 인공 지능을 공부하기 시작했고, 이를 신경 과학과 비즈니스 현장에 응용하는 시스템을 구현하고 싶다는 마음이 일었다. 이처럼 **호기심 드리븐 집중이 가져오는 관심의 확장은 언제나 새로운 아이디어를 만들어내고, 새로운 기술을 세상에 내놓는 계기를 마련한다.**

그 결과, 나는 몇 가지 특허를 취득했다. 아직 세상에 나와 응용되고 사회에 공헌하기에는 부족한 기술뿐이지만, 그래도 지금까지 세상에 없던 아이디어였다.

강연에서 이러한 경험을 이야기하면 원래 아이디어가 풍부했던 것 아니었냐고 묻곤 하는데, 절대 그렇지 않다. 오히려 최근까지만 해도 정반대로 경직된 사고를 하는 사람이었다. **UCLA를 졸업하고 사업을 처음 시작했을 때는 지나치게 논리적인 사고를 신봉했고, 과제 해결에만 초점을 맞추던 유형이었다.** 의학 분야의 뇌 연구와 논문은 치밀한 논리를 근거로 삼기 때문에 그러한 사고 습관이 몸에 밴 것이다.

문제가 생기면 논리적으로 과제를 도출하고 해결책을 모색했다. 모호하고 직관적이며, 즉흥적으로 보이는 근거 없는 발상은 비웃기도 했다. 하지만 **그런 나조차도 끊임없이 호기심을 품고, 관심 분야를 넓혀 가면서 뇌를 어떻게 활용해야 하는지 터득할 수 있었다.**

신경 과학을 배우면서 논리적인 사고만으로는 뇌가 지닌 잠재력을 끌어내기 어렵다는 사실을 깨달았고, 의식적으로 더 자유롭게 뇌를 활용하고자 노력했다. **그 결과, 발상력과 창의력을 키워 새로운 아이디어를 얻을 수 있었다.**

보통 '집중력'이라고 하면 눈앞의 일에 제한적으로 주의를 기울이는 모습을 떠올린다. 그러나 **뇌 신경 과학으로 본 집중력은 더욱 폭넓고 심오한 힘**이다. 이 책은 집중력을 뇌 과학의 관점에서 풀어 가며, 일상생활과 업무에서 누구나 실천할 수 있는 집중력 향상법, 창의력을 높이는 집중력에 대한 실마리도 던져 준다.

1장

'집중하는 뇌'가 삶을 풍요롭게 한다

작업 능률을 높이는 것만이 '집중력'이 아니다

집중력은 삶을 풍요롭게 한다. 이것은 정신적인 의미가 아니라 뇌 신경 과학의 최신 연구에서 얻은 해답이다. **흔히 '집중력'이라고 하면 공부나 업무의 능률을 높이는 효과를 떠올린다.**

실제로 눈앞의 일에 집중하면 작업 능률이 오르고 기억력이 향상된다. 또한 시간이 순식간에 지나간 듯한 느낌과 함께 평소와는 다른 성과를 얻을 수 있다. 하지만 이것은 집중력이 가져다주는 긍정적인 효과 중 하나일 뿐이다. **집중력에는 더 커다란 힘이 있다.** 그 힘에 대해 지금부터 천천히 살펴보겠다.

뇌 신경 과학에서는 가령 '무엇에 주의를 기울이고 무엇에 의식을 두며 살아가는가?' 혹은 '어디에 시선을 두고 어디에 시간을 쓰고 있는가?'와 같이 기본적으로 집중력을 주의력의 연장선으로 본다. 간단히 말해 **계속 주의를 기울이는 상태를 집중력이라고 한다.**

따라서 공부에 집중하려면 책에 주의를 기울여야 하고, 업무에 집중하려면 스마트폰을 내려놓고 모니터나 서류에 의식을 두어야 한다. 말은 쉽지만, 실제 행동으로 옮기기는 어렵다. 때문에 많은 사람이 **'집중력이 부족하다.'**, **'집중력을 높이고 싶다.'**, **'집중력은 왜 유지되지 않는가?'** 하고 고민한다. 그렇다면 왜 생각처럼 쉽지 않을까? 그것은 **주의**

력의 메커니즘과 관련이 깊다.

당신은 지금 이 책을 읽으면서 과거에 집중했던 경험이나 집중력이 흐트러져 실패했던 일을 떠올릴 것이다. 혹은 '집중력 이야기를 하는데 왜 주의력 이야기를 하는 거야?'라는 의문이 생길지도 모른다. 어느 쪽이든 책이나 전자기기 화면에 주의를 기울이고 있을 것이다.

이제 **문장에서 시선을 거두고 책에서 벗어나 주변을 둘러보자.** 가까운 곳에 놓여 있는 컵이나 테이블의 나뭇결, 검색할 때 사용하려고 펼쳐 둔 노트북, 벽에 걸린 사진, 자동차가 지나가는 소리, 에어컨이 돌아가는 소리 등 여러 가지가 의식될 것이다.

넓은 관점에서 보면 이러한 정보는 책을 읽는 동안에도 변함없이 그곳에 있었다. 하지만 주의를 기울이지 않았기 때문에 의식하지 못했던 것이고, **의식하지 않았기 때문에 책에 집중할 수 있었던 것이다.** 즉 우리가 주의를 기울일 수 있는 정보는 제한적이며, 주의력은 매우 한정된 범위에서만 작용한다.

POINT 대상에 주의를 기울일 때 비로소 '집중'이 시작된다.

우리는 눈앞의 1,000분의 1만 의식한다

나는 강연이나 세미나에서 참가자들에게 이러한 질문을 자주 한다. 괜찮다면 당신도 질문에 답해 보기를 바란다.

"집에서 가장 가까운 역까지 가는 길은 지금까지 수백 번, 수천 번 걸어 다녔을 거예요. 그 사이에 있는 전봇대가 몇 개인지 기억하시나요?"

정확하게 개수를 기억하는 사람은 지금까지 만난 적이 없다. 매일 지나다니며 보았으니 정보는 머릿속에 저장되어 있을 것이다. 하지만 기억하지 못한다. 그 이유는 **주의를 기울이지 않았기 때문이다.**

사실 의식적으로 주의를 기울이고 집중하는 행위에는 많은 에너지가 필요하기 때문에 뇌를 지치게 한다. 우리는 무의식중에도 방대한 정보를 받아들이는데, 모든 정보에 주의력을 사용한다면 에너지가 금세 바닥날 것이다. 그래서 뇌는 에너지를 절약하기 위해 **불필요한 정보는 의식하지 않는** 방식으로 진화해 왔다.

인간의 뇌에서 작동하는 정보 처리 네트워크는 다음과 같이 크게 3가지로 나뉜다.[*1]

1 디폴트 모드 네트워크Default Mode Network: 무의식에 가까운 상태로 기억이나 경험에 따라 자동으로 정보를 처리하고 지시를 내린다.

3가지 정보 처리 네트워크

1

디폴트 모드 네트워크

무의식에 가까운 상태로 기억이나 경험에 따라 자동으로 정보를 처리하고 지시를 내린다.

2

주의 집중 네트워크

자발적으로 주의를 기울일 때 활성화된다.

3

현출성 네트워크

대조적인 네트워크인 1과 2를 변환하는 역할을 담당한다.

2 주의 집중 네트워크 Central Executive Network: 자발적으로 주의를 기울일 때 활성화된다.

3 현출성 네트워크 Salience Network: 대조적인 네트워크인 1과 2를 변환하는 역할을 담당한다.

전봇대의 예시처럼 역까지 걸어가는 동안 딴생각을 하더라도 목적지에 무사히 도착하는 이유는 디폴트 모드 네트워크가 작동하여 경험과 기억에 따라 몸이 자동으로 움직이기 때문이다.

다만 도중에 길이 좁아져 자동차가 가까이 지나가거나, 좀처럼 파란불로 바뀌지 않는 신호등을 기다릴 때처럼 주의를 기울이지 않으면 부정적인 일이 일어날 위험이 있을 때는 매일 걷는 길이더라도 현출성 네트워크가 비상 신호를 켜고, 주의 집중 네트워크에게 바통을 넘긴다. 이는 **인간에게 위험을 피하는 본능이 있기 때문이다.**

이야기가 갑자기 길어졌지만, 인간의 뇌는 1만 년 전의 호모 사피엔스와 크게 다르지 않다. 태곳적 들판에서 생활하던 우리의 선조는 생명을 위협하는 일이 부지기수인 환경에서 살아갔다. 그러한 환경에서 생존하기 위해 인간은 삶과 죽음을 결정짓는 중요한 정보를 제일 먼저 알아차리도록 진화해 온 것이다.

반면 평소에 좋아하던 빵집 진열대에 신상품이 놓여 있거나, 지난번에 문을 닫았던 가게가 리모델링 공사를 개시할 때처럼 **긍정적인 변화를 감지할 때도 현출성 네트워크가 반응하며, 호기심이 발동하여 주의 집**

중 네트워크가 작동하기 시작한다.

매우 간략하게 설명했지만, 평소 다니는 길을 걸을 때 뇌에서는 이러한 정보 처리 네트워크가 번갈아가며 집중할 대상을 고른다. **우리는 눈앞에 보이는 세계의 1,000분의 1만 의식하는 것이다.**

당연하지만 집과 역 사이에 있는 전봇대는 갑자기 쓰러지거나 움직이지 않는다. 생명을 위협할 만큼 위험한 존재도 아니고, 즐거움을 주지도 않는다. 때문에 주의를 기울일 필요도 없고 기억에 남지도 않는다. 그저 그곳에 서 있을 뿐이다.

POINT 매우 제한된 범위에만 주의력을 사용할 수 있다.

'무엇에 집중하는가'에 따라 행동이 변한다

지금처럼 책을 읽고 문장에 집중할 때는 의식적으로 대상에 주의를 기울이는 주의 집중 네트워크가 작동한다. 집게손가락으로 이마 한가운데를 짚어 보라. 그 속에 있는 전전두엽을 중심으로 한 주의 집중 네트워크는 **의도한 곳에 주의를 집중하거나, 무언가를 생각하기 위해 질문을 설정할 때처럼 특정한 곳에 의식을 모으는 데 중요한 역할을 한다.**

다만 주의 집중 네트워크가 작동하여 의식적으로 주의를 기울이거나, 집중을 유지하기 위해서는 많은 에너지가 필요하다. 결국 뇌에도 과부하가 걸리므로 **시간이 지날수록 주의가 산만해져 집중을 유지하기 힘들다.**

그러므로 '나는 집중력이 부족해.', '왜 이렇게 금방 산만해지는 걸까?' 하고 자신을 탓할 필요는 없다. 뇌의 메커니즘으로 보면 주의력과 집중력이 오래가지 않는 것은 당연한 일이다. 의식적으로 여러 사물에 주의를 집중할 수 있는 시간은 한정되어 있기 때문이다.

다만 이 제한된 시간에 몰입하여 배우고 경험한 것은 디폴트 모드 네트워크가 관여하는 의사 결정에도 영향을 미친다. **집중하여 학습한 것은 경험과 기억으로 강하게 남기 때문이다.**

예를 들어 아내가 임신하여 출산과 육아 지식을 공부하기 시작하면 길을 걸을 때도 임산부나 어린아이, 유모차를 탄 아기가 눈에 들어온다. 또는 급하게 필요한 일이 생겨 영어 회화를 공부하기 시작하면 출퇴근할 때 지하철에서 들리는 영어나 길가에서 들리는 팝 가사가 예전보다 귀에 잘 들어온다.

이렇게 **무의식중에 의식하는 대상을 알아차리는 일이 현출성 네트워크의 중요한 역할이다.** 앞에 지나가는 임산부나 아기, 길가에서 들리는 영어 가사 등 디폴트 모드 네트워크가 받아들인 정보에 현출성 네트워크가 반응하면, 주의 집중 네트워크가 그 대상에 의식을 둔다.

- '임산부에게 자리를 양보하자.'

- ‘아기가 웃고 있네. 한 살 정도 되었으려나?’
- ‘아, 이 노래 가사가 이런 의미였구나.’

디폴트 모드 네트워크가 자연스럽게 반응하고, 현출성 네트워크가 그 신호를 알아차리는 것은 **이전에 주의를 집중했던 대상이 기억에 남아 있기 때문이다.**

POINT 무의식중에 의식하는 대상을 알아차리는 것은 현출성 네트워크의 작용 덕분이다.

집중력을 높이려면 긍정적인 ‘기억 드리븐’을 만들자

집중하여 배운 것은 우리 안에 깊숙이 남는다. 한번 사칙연산을 익히고 나면 언제고 암산을 할 수 있듯이 기억은 무의식적 행동과 선택에 영향을 미친다. 디폴트 모드 네트워크는 경험을 통해 쌓아 온 기억을 토대로 **‘기억 드리븐’을 만들어 행동과 의사 결정을 하도록 이끈다.**

예컨대 출퇴근이나 등하교를 할 때 우리는 일일이 주의 집중 네트워크를 사용해 의사 결정을 하지 않는다. 물론 처음 가 보는 길을 걸을 때는 ‘쭉 직진하자.’, ‘다음 교차로에서 오른쪽으로 도는 거야.’, ‘다음에 이 길을 지날 때는 모서리에 있는 가게를 표지로 삼아야겠어.’와 같이 주의 집중 네트워크를 사용해 의식적으로 선택을 내린다.

하지만 몇 번이고 같은 길을 지나다니다 보면 그동안의 행동과 경험이 뇌에 기억으로 남아 기억 드리븐이 생성되어 무의식중에도 순조롭게 길을 지나다닐 수 있게 된다. 이 **기억 드리븐을 얼마나 긍정적으로 만드느냐가 뇌의 능률을 높이는 중요한 열쇠다.**

일례로 이 책을 읽으면서 집중력의 메커니즘을 배우고, 쉽게 몰입하는 감각을 익히면 그 경험이 쌓여 기억 드리븐을 만든다. 그러면 스트레스를 받거나 피곤한 상황에서 주의 집중 네트워크가 제대로 작동하지 않아 **주의가 산만해져도 디폴트 모드 네트워크가 기억 드리븐에 따라 작동하여 적절한 행동을 하도록 돕는다.**

이 메커니즘을 업무나 학업에 적용하면 집중력을 높일 수 있다. 앞으로 원하는 목표와 행동을 일치시켜 집중력에 도움이 되는 기억 드리븐을 만들자.

주의 집중 네트워크를 활용해 목표에 집중하고 행동하면 디폴트 모드 네트워크에 긍정적인 영향을 미치는 기억 드리븐을 만들 수 있다. 바로 여기에 집중력을 높이고 삶을 풍요롭게 하는 비밀이 숨어 있다.

POINT 집중하여 주의를 기울이는 대상은 기억에 남아 행동을 일으킨다.

‘뇌에 사는 두 명의 나’를 내 편으로 만들자

의식적인 주의력으로 얻은 배움과 체험이 무의식적인 주의력에 영향을 미치는 메커니즘을 가리켜 나는 **‘뇌에 사는 두 명의 나’**라는 표현을 자주 쓴다. 이 두 명의 내가 같은 곳을 바라볼 때 사람은 크게 변화하고 성장할 수 있다.

예를 들어 내가 잘한 일에 주목해 긍정적인 기억을 늘리면 **무의식적인 주의력도 삶에 필요한 정보를 선택하는 데 도움을 준다.** 그러면 집중하는 데에도, 원하는 목표를 향해 성장하는 데에도 자신감이 붙어 삶이 긍정적으로 변한다.

하지만 뇌에 사는 두 명의 나는 좀처럼 같은 곳을 보려 하지 않는다. 본능에 따라 움직이는 주의력은 대부분 목숨을 위협하는 정보에만 관심을 쏟기 때문이다. 즉 의식적으로 사물의 긍정적인 면에 주의를 기울이지 않으면 자연스럽게 부정적인 생각으로 빠지기 쉽다. 이렇게 생성된 부정적인 기억 드리븐을 심리학에서는 **‘부정성 편향Negativity Bias’**이라고 한다.

가령 100% 완성해야 하는 작업을 80%까지 마쳤다면, 달성하지 못한 20%에만 주목하면서 초조함을 느낀다. 또 잘하는 과목이 많은데도 불구하고 낮은 점수를 받은 과목에만 초점을 맞추어 나는 공부를 못한다고 믿어 버린다. 처음에는 의욕이 넘쳐 시작한 일인데도 점점 하기 싫어지는 이유는 이러한 뇌의 작용 때문이다.

이대로 부정성 편향의 노예처럼 살아간다면 뇌에는 '나는 부족해.'라는 정보만 각인되어 **자기 비하가 심해지고 자존감이 떨어진다.** 하지만 이것은 올바른 인식이 아니지 않은가?

실제로는 일을 80%나 완수했고, 시험에서 고득점을 받은 과목도 많다. 이러한 **긍정적인 면에 주의를 기울이는 것은 부정적인 면에 주목하기 쉬운 또 다른 나에게 잘 해낸 부분도 있다고 가르쳐 주는 일이다.** '잘 해낸 나'가 기억으로 남으면 부정성 편향에 사로잡히기 쉬운 또 다른 내가 바라보는 세계도 달라진다.

나도 의대 진학에 몇 번이고 실패했지만, 그런 상황에서도 배움과

성장에 주목한 것이 큰 도움이 되었다는 사실을 지금은 이해하고 있다. 어린 시절 야구 훈련을 하면서 부족한 부분뿐만 아니라, 조금이라도 성장한 모습에 주목하는 연습을 반복했기 때문이다.

POINT '성장한 나'의 긍정적인 면에 주목하는 연습을 하자.

부정성 편향을 줄이는 메모법

완성하지 못한 20%뿐 아니라 완성한 80%에 주목하기 위해서는 긍정적인 감정을 느꼈을 때, 그 상황을 노트에 적는 연습을 하면 도움이 된다. 꼭 종이가 아니어도 괜찮고 스마트폰에 메모해도 상관없다.

갑자기 자신의 좋은 점을 찾아보라고 하면 당황하는 사람이 적지 않다. 그러니 우선은 일상생활 속에서 긍정적인 감정을 느꼈던 순간에 주의를 기울여 보자.

- 아침에 먹을 빵을 구웠더니 맛있는 냄새가 나서 기분이 좋았다.
- 마감 전에 서류를 제출했더니 선배에게 칭찬을 받았다.
- 장을 보러 갔는데 점원이 밝게 인사해 주었다.

사소한 일이라도 좋으니 기분 좋은 감정을 느꼈던 상황에 주목하여 자신의 변화를 알아차리면 다음 단계로 넘어간다. 밤에 잠들기 전에 노트를 펼쳐 놓고 하루 동안 긍정적인 감정을 느꼈던 상황과 이유를 적어 보자.

- 아침에 먹을 빵을 구웠더니 맛있는 냄새가 나서 기분이 좋았다.
- ▶ 전날 인기 많은 빵집에서 식빵을 사길 잘했다. 맛있는 냄새가 나는 빵을 먹으니 힘이 난다.
- 마감 전에 서류를 제출했더니 선배에게 칭찬을 받았다.
- ▶ 작은 목표지만 내가 정한 마감일을 지켜서 뿌듯했다. 게다가 선배가 따듯한 말로 칭찬해 주어서 감동했다.
- 장을 보러 갔는데 점원이 밝게 인사해 주었다.
- ▶ 밝게 인사해 준 점원에게 나도 상냥하게 인사를 건넬 수 있어서 마음이 따듯해졌다. 일상 속에서 주고받는 별것 아닌 소통이 얼마나 중요한지 깨달았다.

이러한 연습의 핵심은 긍정적인 시선으로 자기 자신과 대화하는 시간을 마련하는 것이다. 예전의 나와 지금의 나를 비교하여 나아진 점, 성장한 부분을 찾아보면 사소할지라도 '잘한 일'에 주목하게 된다.

별다른 자각 없이 생활하다 보면 부정적인 방향으로 의식이 흐르기 마련이다. 그러나 매일 '긍정적인 감정을 느꼈던 상황'을 기록하면 행복을 찾는 쪽으로 뇌가 발달한다.

더 나아가 어떻게 하면 기분 좋은 감정을 더 자주 느낄 수 있을지 생각해 보자. 노트가 자신의 성장을 돕는 도구가 되어 줄 것이다.

또 노트에 적힌 글이 늘어날수록 내가 긍정적인 감정을 느끼기 쉬운 상황도 눈에 보이기 시작한다. 기분 좋아질 만한 일을 하루 일정에 끼워 넣으면 효과는 더욱 크다. 2주를 목표로 이를 지속해서 실천해 보자. 그러면 변화를 실감할 것이다.

이 메모법은 다양하게 활용할 수 있다. 그중 '집중력 키우기'를 주제로 이 방법을 지속하면 눈에 띄게 집중력이 향상된다. 언제 집중력이 높아지는지, 집중이 잘될 때 어떤 감정과 감각을 느꼈는지를 성찰하면서 글로 적으면 자기 나름대로 어떤 환경에서 집중하기 쉽고, 집중하기 위해서는 어떤 준비가 필요한지 한눈에 파악할 수 있다.

기억이 뇌 구조를 바꾸고 행동을 변화시킨다

의식적으로 사용하는 주의 집중이 무의식적으로 작용하는 주의력에 영향을 미치기 때문에 행동과 생각을 변화시킨다. 이 메커니즘을 자세히 이해하기 위해서는 뇌 신경 과학을 근거로 하여 정보 처리에 대해 간단히 알아볼 필요가 있다.

키워드는 **'필터'**, **'반응'**, **'기억'**이다. 외부에서 들어오는 정보는 시각, 청각, 촉각 등의 필터를 거친다. 다만 보이는 사물이나 소리, 느껴지는 감각이 모두 감지되는 것은 아니다. 뇌가 자연스럽게 인지하는 정보는 필터를 거쳐 들어온 정보의 1,000분의 1 정도뿐이며, 감지한 정보에 대해서 반응이 일어난다.

전봇대를 예로 들면, 매일 지나다니는 출퇴근길이나 등하굣길에 서 있는 전봇대는 1,000분의 999에 해당하는 정보이므로 필터에서 걸러져 반응이 일어나지 않는다. 그렇기 때문에 전봇대가 어디에 몇 개 있는지 알 수 없는 것이다. 한편, 감지된 정보는 다음과 같은 반응을 일으킨다.

- 어린아이의 사진을 보며 '웃는 얼굴을 보니 치유되는 느낌이야.'
- 입을 꾹 다문 얼굴을 보며 '안 좋은 일이라도 있는 건가?'
- 곤충 울음소리를 들으며 '마음이 편안해진다.'

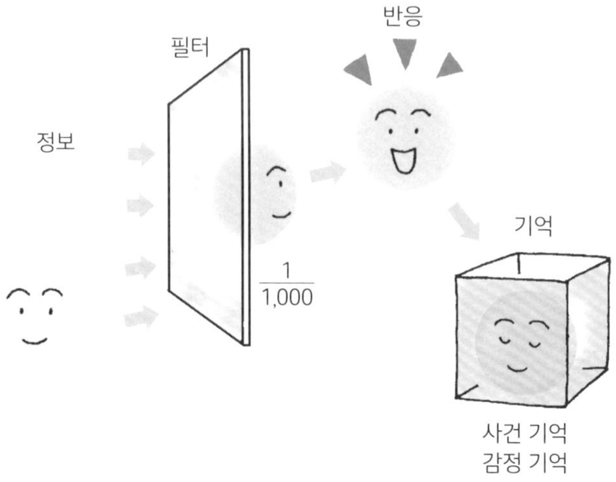

- 포크와 나이프가 부딪치는 소리에 '시끄러워서 신경이 거슬린다.'
- 온라인에서 점찍어 둔 가방을 가게에서 발견하고는 '생각보다 질감이 거치네.'

이렇게 필터를 통해 들어온 정보에 반응할 때 **그 사람이 가진 기억이 행동에 큰 영향을 미친다.** 이는 뇌의 세포 분자까지 관측이 가능해지면서 밝혀진 사실인데, 어떤 기억이 강하게 남을수록 뇌 속 세포 분자의 구조가 변한다고 한다. 미시 세계와 관련된 이야기지만 **기억의 영향으로 뇌가 변화하고, 그에 따라 정보에 대한 반응과 행동도 변한다는 사실이 밝혀진 것이다.**

가까운 예로, 나는 자주 가는 스타벅스 매장에 가면 늘 같은 자리에 앉는다. 매번 커피를 사서 아무 생각 없이 매장 구석에 있는 창가 자리로 향하는데, 그 자리에 다른 손님이 앉아 있으면 마음이 살짝 불안하다.

왜 그런 행동 반응을 보이는 것일까? 그 이유는 **처음 스타벅스 매장에 가서 창가 자리에 앉았을 때 편안한 마음으로 책을 읽었던 기억이 강하게 남아 있기 때문이다.** 그 후로 그 자리에 익숙해져 몇 번이고 좋은 경험을 반복하자 '스타벅스에서 늘 앉던 그 자리'라는 긍정적인 기억이 쌓인 것이다.

이를 뇌의 네트워크에 빗대어 설명하면 주의 집중 네트워크를 사용해 의식적으로 주의를 기울여(필터) 선택한 자리가 마음에 쏙 들어서(반응) 좋은 기억이 남았다고 할 수 있다. 그 뒤로는 매장에 갈 때마다 디폴트 모드 네트워크가 작동해 같은 자리로 향하게 한다. 기억 드리븐이 무의식중에 마음이 편안해지는 그 자리로 나를 이끄는 것이다.

POINT 반복된 기억이 행동에 영향을 미친다. 그것이 '기억 드리븐'이다.

긍정과 부정, 어느 쪽에 주의를 기울이는가

주의 집중 네트워크를 사용해 의식적으로 주의를 기울이면 필터를 거쳐 들어온 정보에 반응하게 된다. 그것이 좋고 나쁜 감정이나 강렬한 기억으로 남아 디폴트 모드 네트워크가 작동할 때마다 필터와 반응에 영향을 미친다. 즉 **주의를 기울여 기억에 남는 사건을 스스로 선택해 미시적인 뇌 구조를 거듭 변화시키면 집중력을 키울 수 있다.**

가령 성과보다 실패를 지적하는 교육을 오랫동안 받으면, 부정성 편향이 강하게 작용하는 쪽으로 주의력이 발달한다. 열심히 공부해서 지난번 시험보다 높은 점수를 받았어도 100점을 받지 못했다고 꾸지람을 듣거나 노력이 부족하다고 혼난 사람은 '할 수 없는 나'에 주목해 자기 비하가 심해지고 **부정적인 기억 드리븐에 따라 점차 공부에 두려움과 거부감을 느끼게 된다.** 그 결과, 책상에 앉아 집중하지 못하고 '나는 공부를 못해.', '아무리 공부해도 소용없어.'라는 생각을 하기도 한다.

또 그렇게 자란 사람이 후배나 부하 직원을 지도하는 위치에 서면 '뇌에 사는 두 명의 나'는 주로 상대방의 부족한 점이나 마음에 들지 않는 점에 주목한다. 그 결과, 후배나 부하 직원에게 아직 멀었냐며 다그치기도 하고, 아직 노력이 부족하다는 등 부정적인 말을 내뱉게 되는 것이다.

반대로 실패해도 괜찮다고 격려를 받거나 잘한 일로 칭찬받는 환경에서 자란 사람은 자신과 타인의 긍정적인 면에 주의를 기울이기 쉽다. 100점을 받지 못했다고, 노력이 부족하다고 꾸지람을 듣더라도 받아들이는 방식이 다르다. 발전한 자신의 모습에 주목하기 때문에 '나아진 점도 있는데 인정해 주지 않다니 너무해.'라고 생각할 수도 있고, '다음에 더 잘하자.'라며 결과를 다음 일의 동기 부여로 삼을 수도 있다.

예컨대 100점 만점인 시험에서 50점을 받았다고 하자. 이전까지

10점을 받았던 사람이라면 50점은 5배나 높은 점수다. 이렇게 성장에 주목하는 것이다. 주변의 수준이나 기준, 상황에 따라 해석은 달라지겠지만 어떻게 판단하는지가 중요하다.

도무지 공부에는 흥미가 없고 다음 시험을 볼 때 딴생각을 하다가 20점을 받았다면, 쓸데없는 생각에 빠져 성적이 떨어졌다고 혼날지도 모른다. 하지만 그 사람에게는 엄청난 아이디어가 떠올랐던 중요한 순간이었을 수도 있다.

중요한 것은 긍정적인 면에 주의를 기울이는 일이다. 그러면 **'뇌에 사는 두 명의 나' 중에서 긍정적인 나의 발언권이 세지고, 집중력이 높아지도록 돕는 기억 드리븐이 형성된다. 물론 그 변화는 성인이 되어서도 일어날 수 있다.** 게다가 일상에서 마주하는 아주 사소한 일로도 훈련할 수 있다.

예를 들면, 나는 커피를 좋아한다. 커피를 내리며 멍하게 있는 시간, 커피의 맛과 향, 마신 뒤 느껴지는 따듯한 감각 등 커피와 함께한 즐거운 기억이 많다. 그리고 평소 커피를 마실 때마다 늘 눈을 감고 맛있는 커피를 음미한다. 눈을 감으면 그 순간, 시각 필터가 사라져 시각적인 정보가 차단되고, 그만큼 커피가 주는 행복한 기억을 마음껏 체험할 수 있다.

'UCLA에 다닐 때 힘든 과제도 커피를 마시며 이겨 냈지.'

'지금 하는 일과 관련된 아이디어도 커피를 마실 때 떠올랐어.'

이처럼 매일 커피를 마시며 긍정적인 기억 드리븐을 강화한다. 그러면 커피를 마시는 행복한 시간이 집중력을 높이는 발판이 되어 다음 일의 완성도를 높인다.

POINT 긍정적인 기억 드리븐이 동기를 부여한다.

집중력을 깊이 이해하려면 뇌를 알아야 한다

제목에 '집중력'이 들어간 이 책을 손에 든 당신은 집중력에 관한 고민을 안고 있을 것이다. '나는 집중력이 약해.', '일할 때 집중이 잘 안 돼.', '조금 더 집중할 수는 없을까?' 하고 집중하지 못하는 자신을 비난할지도 모른다.

더 나아가 집중력이 흐트러져 일이 잘 풀리지 않았거나, 집중했더라면 벌써 끝났을 일을 마무리 짓지 못해 야근했던 일이 떠오를 수도 있다. 이는 부정적인 기억 드리븐이 작용하는 상태로, **비슷한 상황에 맞닥뜨리게 되면 집중하지 못할까 봐 불안과 초조를 느끼게 된다.** 이러한 부정적인 고리를 끊기 위해서는 어떠한 계기가 필요하다.

나 또한 고등학교를 중퇴하고 목표가 없던 시기에는 집중력이 약한 나 자신을 몇 번이고 책망했다. '공부해야 하는데 만화책이나 읽고 있다니.', '나는 왜 이렇게 집중력이 약할까?' 하고 말이다.

그 시기에 나는 세론 Q. 듀몬의 『집중력의 힘』이라는 책을 만났다. 그 책은 나에게 3가지 커다란 충격을 안겨 주었고, 변화의 계기를 마련해 주었다.

첫 번째는 '**집중력을 깊이 이해하려면 뇌를 알아야 한다.**'라는 실마리를 얻은 것이었다. 그것이 뇌와 스포츠, 정신의 연관성에 관심을 가지게 했고, UCLA에서 신경 과학을 본격적으로 배우고 싶다는 꿈을 품게 했다.

두 번째는 그 책에 쓰인 몇 가지 **긍정적인 메시지**였다.

- "기회는 찾아오는 것이 아니라 스스로 찾는 것이다."
- "행동하기 때문에 기회가 생긴다. 일단 움직여서 기회를 늘려라."

이러한 말들은 내가 긍정적인 면에 주목할 수 있도록 도와주었고, 몇 번이고 일어설 힘을 주었다.

세 번째는 내가 **깊이 집중했던 상황, 집중력을 발휘해서 좋은 결과를 얻었던 기억**을 떠올리게 해 주었던 점이다. 어린 시절 야구에 몰두하던 때에는 단전 호흡으로 집중력을 높여 본래 가진 능력을 제대로 발휘할 수 있었다.

그러나 그 책을 만났을 당시는 부정성 편향에 휘둘려 부정적인 정보와 반응에만 주의를 기울였던 때였다. 하지만 현실은 그렇게 비관적이지 않고, 나도 충분한 집중력을 갖추고 있다는 사실을 깨닫고부터는

긍정적인 정보와 반응에 주목하도록 나를 바꾸어 갔다. 잘하는 부분에 초점을 두고 배움을 얻으면서 이를 뇌에 각인시켰다.

POINT 부정적인 기억 드리븐이 집중을 방해한다.

당신의 편도체는 행복한가, 불행한가?

미국 신경 과학자가 쓴 재미있는 글을 읽었다. "**행복한 편도체를 만들자.**"라는 문장이었다.*2 인간의 뇌 속에 있는 해마는 '사건'을 기억하고, 편도체는 사건을 겪으며 느낀 '감정'을 기억한다.

나에게는 두 살배기 딸이 있다. 아내가 출산하던 때의 기억을 떠올리면 지금도 가슴 벅찬 감동이 밀려온다. 이러한 반응이 나타나는 이유는 **사건뿐 아니라 당시의 감정도 기억으로 강하게 남아 있기 때문이다.** 편도체는 긍정적이든 부정적이든 감정이 크게 요동칠 때 반응하며, 또렷한 감정 기억을 남긴다.

예를 들어 평소에 '나는 집중력이 약해.', '일할 때 집중력이 금방 흐트러져.', '조금 더 집중할 수는 없을까?'라며, 제대로 집중하지 못하는 자신을 책망하면 부정적인 감정 기억이 쌓여 점점 부정성 편향이 심해진다. 앞서 말한 신경 과학자의 표현을 빌리면 이러한 모습을 보이는 사람은 '불행한 편도체'를 가진 사람이다. 하지만 주의를 돌려 **긍정적인 감정을 자주 느끼면 불행한 편도체도 행복한 편도체로 변화시킬 수 있다.**

업무에 집중해야 하는데 만화책에 빠져 있더라도 '만화책에 열중하고 있으니 집중력은 충분해.'라고 해석해 보자. 다음으로는 그 집중력을 업무에서 발휘할 방법을 찾아 일에 적용해 성과를 거둔다면, 만화책에 몰두한 경험도 긍정적인 감정 기억으로 바뀐다.

흔히 '가치관이 맞다, 맞지 않는다.'라고 말하지만, 사실 **가치관의 정체는 '사건 기억 + 감정 기억'이 반복되어 생겨난 가치 기억이다. 주의력과 집중력을 이용해 긍정적인 면에 주목하고, 행복한 편도체를 만들면 가치 기억이 변화한다.** 그러면 가치관이 변하고, 이는 정보를 인지하는 필터와 반응에도 영향을 미친다.

POINT 가슴 뛰는 즐거운 기억이 '행복한 편도체'를 만든다.

'행복한 편도체'를 만드는 행복 포인트

나는 매일 4시 44분에 일어난다. '4'라는 숫자는 죽음을 연상케 하는 불길한 숫자로 여겨지지만, 나는 4월 4일에 태어났다. 나는 나의 행운의 숫자가 '4'라고 멋대로 믿으면서 매일 아침 행운의 숫자 3개가 나열된 4시 44분에 일어나 하루를 기분 좋게 시작한다. 억지스러워 보여도 의식적으로 긍정적인 면에 주의를 기울이면 행복한 편도체를 만들 수 있다.

당신이 좋아하는 일, 기분 좋아지는 물건 등을 찾아보자. 파란색을 좋아한다면 방 안의 커튼을 파란색으로 바꾸어 보고, 파도 소리에 마음이 안정된다면 잠들기 전에 바다를 떠올리게 하는 ASMR을 틀어 놓는다. 이는 일상생활 속에서 긍정적인 감정을 불러오는 요소를 추가하고 그것에 주의를 기울이려고 노력하는 것이다.

DAncing Einstein에서는 나를 포함한 사원 모두가 행복한 시간(해피 포인트)을 일정에 끼워 넣는다. 일과 마찬가지로 중요한 커피 타임이나 주스 타임을 마련해 좋아하는 음료를 마시며 휴식을 취하는 것이다. 그 시간은 마음을 편안하게 하는 휴식 시간이므로 긍정적인 감정을 느끼고 주목하는 데 도움을 준다.

그리고 단순히 '커피 타임'이라고 일정에 써넣는 것이 아니라 마음에 드는 이름을 붙이는 것이 중요하다. 나는 이 시간을 '선두仙豆 커피 타임'이라고 이름 지었다. 애니메이션 <드래곤볼>에 나오는, 먹으면 누구나 기력이 회복되는 선두처럼 내가 마시는 커피에도 회복의 의미를 부여한 것이다.

그리고 DAncing Einstein에서는 일주일에 한 번 시간을 마련해 '한 주 동안 사생활이나 업무에서 즐거웠던 일이나 기뻤던 일'을 공유한다. 직원들이 행복을 느끼게끔 각자 즐거웠던 일에 초점을 맞추는 시간으로, 동료들에게 즐거웠던 기억을 이야기하면 행복을 느꼈던 사건 기억이 강화된다.

또 이야기를 들은 동료가 '재밌을 것 같아.', '좋았겠다.' 하고 감상을 말해 주면 긍정적인 감정 기억을 강화하는 데 보탬이 되는 공동체가 형성된다. 기분 좋아지는 요소를 일상생활 속에 집어넣고, 가족이나 친구와 함께 행복했던 기억을 공유하는 시간을 꼭 마련해 보자. 그러한 시간이 쌓이면 불행에 빠지기 쉬운 편도체를 '행복한 편도체'로 바꿀 수 있다.

뇌의 메커니즘은 'Use it or Lose it' 원칙

주의력과 집중력을 이용해 의식적으로 긍정적인 면에 주목하고, 행복한 편도체를 만들기 위해 노력하면 뇌의 신경 세포(뉴런)와 신경 회로(시냅스)에도 변화가 일어난다. 그것은 매우 미세한 변화지만, 중요한 의미를 지닌다.

뇌 신경 과학의 세계에서는 **'Use it or Lose it' 원칙**이라고 불리는 것이 있다. 'Use it or Lose it' 원칙이란, **'특정 분야에 뇌를 사용하면(Use it) 관련 회로가 새롭게 형성되고 사용할수록 강화되지만, 사용하지 않는 회로는 기능을 잃게 된다(Lose it)'**는 원칙이다.

뇌의 학습 원리는 매우 간단하다. 뇌는 사용하면 할수록 신경 세포를 잇는 신경 회로가 분자 단위로 성장하지만, 사용하지 않으면 세포와 회로를 유지하는 데 불필요한 에너지가 들기 때문에 연결이 제거된다. 간단히 말해 **뇌는 사용할수록 나이와 상관없이 성장한다**는 뜻이다.

행복한 편도체를 만들기 위해 꾸준히 노력한다면 부정적인 사고에 사로잡히기 쉬운 사람도 긍정적인 관점을 가질 수 있다. 이에 관여하는 뇌의 신경 세포와 신경 회로를 자주 사용하면 느리지만, 확실하게 긍정 회로가 발달하기 때문이다.

집중력도 같은 원리로 향상될 수 있다. **집중력의 유무는 타고난 재능이 아니다.** 자세한 내용은 2장 이후에 설명하겠지만, 주의를 어디에 둘지 통제하는 훈련을 하면 나이와 상관없이 후천적으로 집중력을 키울 수 있다.

'Use it or Lose it' 원칙이 성립되는 메커니즘을 설명하려면 조금 전문적인 내용이 필요하므로 다음 장에서는 뇌의 구조를 살펴보겠다. 가볍게 훑어보며 머릿속으로 뇌의 구조를 그려 보자.

POINT 뇌의 회로는 사용할수록 발달하고, 사용하지 않으면 기능이 저하된다.

신경 세포와 신경 회로는 나이와 상관없이 성장한다!

뇌에 존재하는 수백억 개의 신경 세포는 하나하나가 축삭 돌기라고 불리는 길고 가느다란 가지를 뻗어 다른 신경 세포와 연결되어 있다. 그렇게 연결된 신경 회로는 수천조 개에 달하며, **세포와 회로의 복잡한 네트워크 속을 전기 신호와 화학 물질이 드나들면서 우리의 사고, 아이디어, 가치관, 흥미, 관심사 등을 형성한다.** 양손을 벌려 감싸 쥘 수 있을 정도의 크기인 머릿속에 엄청난 수의 신경 세포와 신경 회로가 모여 있다고 생각하면 경이롭다는 생각마저 든다.

다만 뇌는 고도의 기능을 수행하는 만큼 대식가다. 질량은 체중의 2%에 불과하나 인간이 섭취하는 에너지의 25%를 소비한다. 앞에서 뇌는 만 년 전의 호모 사피엔스와 크게 다르지 않으며, 태곳적 들판에서 생활하던 우리의 선조는 생명을 위협하는 일이 부지기수인 환경에서 살아갔다고 언급했다. 당시에는 지금처럼 1일 3식을 하며 충분한 영양을 섭취하기 어려웠으므로, 살아남기 위해서는 가능한 한 에너지 낭비를 줄여야 했다. 그래서 **뇌는 사용하지 않는 신경 세포와 신경 회로를 가지치기하듯 잘라 낸다.** 이것이 'Use it or Lose it' 원칙을 전제로 하는 메커니즘이다.

뇌 신경 과학의 연구에 따르면 만 2세 때, 전전두엽의 신경 세포를 잇는 시냅스가 가장 왕성하게 발달한다고 한다. 그 시기가 지나면 필요에 따라 가지치기가 시작된다. 단, 만 10세가 지날 무렵까지는 성인보다 훨씬 많은 신경 세포와 신경 회로가 남아 있다.*3

이 연구 결과를 근거로 무언가를 배우려면 어릴 때가 좋다며 유아기 교육의 중요성을 강조하는 의견도 있다. 물론 이 시기에 학습한 것은 효율적으로 기억에 남는다.

가령 3살부터 영어 교육을 받으면 영어를 능숙하게 구사하는 아이로 자랄 확률이 높다. 다만 가족이 모국어로 대화하고 영어권에 갈 기회가 없다면, 'Use it or Lose it' 원칙에 따라 머지않아 영어 실력이 줄어들 것이다.

살아남기 위해 에너지 낭비를 줄이는 생존 전략은 깊숙이 자리 잡아 우리에게 영향을 미친다. 그래도 젊은 사람은 새로운 것을 빠르게 습득한다. 젊은 사람은 시냅스 수가 많아서 무언가를 학습할 때 단순히 연결 구조만 강화시키면 되기 때문이다.

반면 30대, 40대, 50대로 연령대가 높아질수록 차츰 새로운 지식을 습득하는 데 어려움을 느낀다. 이는 가지치기를 해서 연비 좋은 뇌로 정비를 마쳤는데, 다시 새로운 시냅스를 형성하고 강화하려면 많은 에너지가 필요하기 때문이다.

달리 말하면 충분한 에너지만 있다면 뇌는 나이와 상관없이 원하는 방향으로 성장할 수 있다. 이는 최신 연구에서도 증명되었으며, **뇌는 후천적인 경험에 따라 신경 세포를 연결하는 메커니즘을 갖추고 있다**는 사실이 밝혀졌다.

예전에는 유아기에 신경 세포와 신경 회로가 가장 많고 나이가 들수록 감소하며, 이후에는 다시 증가하지 않는다는 것이 상식으로 여겨졌다. 그러나 이는 잘못된 상식이다. 특정 영역을 사용할수록 그 영역의 신경 세포와 신경 회로는 증가하는데, 이러한 뇌의 유연한 특성을 신경 가소성Neural Plasticity이라고 한다.

한 연구에서는 런던 택시 운전사의 뇌를 조사했다. 블랙 캡이라는 이름으로 널리 알려진 런던 택시의 운전사는 약 2만 5,000개에 달하는 도로명과 관광 명소, 시설 등을 외워 시험에 통과해야만 자격을 얻을 수 있다. 영국 유니버시티 칼리지 런던의 엘리너 매과이어 교수는 블랙 캡 운전사의 뇌를 MRI로 검사했는데, 검사 결과 런던 택시 운전사의 해마가 보통 사람보다 크다는 사실을 발견할 수 있었다. 또 근무 경험이 많은 운전사는 근무 경험이 적은 운전사보다 해마의 크기가 더 컸다.

이처럼 우리의 뇌는 커다란 가능성을 지니고 있으며, 행동과 변화를 통해 경험을 쌓아갈수록 새로운 시냅스를 형성한다. 즉 **진심으로 집중력 향상을 바라고 행동으로 옮기면, 뇌에서는 경험에 따른 시냅스가 발달한다.** 특히 집중에 관여하는 전전두엽과 같은 부위는 변화하기 쉬운 기관이라고 알려져 있다. 의식적으로 뇌를 사용하여 'Use it or Lose it' 원칙을 활용해 보자.

행운은 찾아오는 것이 아니라 붙잡는 것이다

지금까지 많은 지면을 할애해 'Use it or Lose it' 원칙의 메커니즘을 설명한 데에는 그만한 이유가 있다. **누구나 변할 수 있다는 확신을 주기 위해서다.** 무언가를 배우고 익히는 데 가장 효과적인 첫걸음은 가능성을 믿는 것이다.

이는 사회 심리학, 발달 심리학 전문가인 스탠퍼드 대학의 캐럴 드웩 교수가 주창한 '**성장 마인드셋**Growth Mindset'에 가까운 사고방식이다.*4 마인드셋이란 자라면서 받아 온 교육이나 경험, 선입관으로 형성된 심리나 사고 패턴을 말한다. 캐럴 교수는 인간의 마인드셋을 크게 2가지로 분류했다.

1. **고정 마인드셋**Fixed Mindset: 인간의 재능은 태어날 때부터 정해져 있어서 성격도 능력도 후천적으로 바꿀 수 없다는 견해
2. **성장 마인드셋**Growth Mindset: 인간은 자신의 의지와 노력에 따라 인생을 바꿀 수 있다는 견해

성장하는 사람은 성장 마인드셋을 바탕으로 생각하기 때문에 자신의 지능과 능력을 바꿀 수 있다고 믿는다. 반면 고정 마인드셋을 가진 사람은 '바꿀 수 없어.', '변화를 위해 비용을 들이는 것은 소용없는 짓이야.'라고 믿기 때문에 좀처럼 성장하지 못한다.

성장 마인드셋은 이른바 '노력하는 천재'라고 불리는 사람들이 보이는 성향으로, 그들은 스스로 노력하고 행동하며, 자신도 세상도 좋은 방향으로 바꿀 수 있다고 믿는다. 집중력 향상도 마찬가지다. 'Use it or Lose it' 원칙에 따라 나이와 상관없이 집중력을 높일 수 있다고 진심으로 믿고, 성장 마인드셋을 발판으로 삼아 목표를 향해 나아가면 빠르게 성장할 수 있다.

가짜 약을 먹고도 병이 낫는 플라세보 효과처럼 집중력을 키울 수 있다는 믿음으로 이 책을 읽는다면 그것만으로도 어느 정도 효과를 얻을 수 있다. **2장부터는 어떻게 집중력을 높일 수 있는지 과학적 근거를 바탕으로 자세한 이유를 설명한다.** 또 집중력을 키우기 위한 다양한 실천 방법도 나올 예정이다.

그러니 누구나 변화할 수 있고, 집중력을 높일 수 있다는 사실을 이해하는 데만 그치지 말고 **마음속 깊이 믿기를 바란다.** 행운은 그냥 찾아오는 것이 아니다. 스스로 마음가짐을 바꾸어 원하는 것을 붙잡는 것이다.

POINT 성장하는 사고 '성장 마인드셋'을 지니자.

집중하는 뇌는 변화에 강한 뇌

현대 사회는 '뷰카VUCA 시대'라고 불린다. 뷰카란 **변동성**Volatility, **불확실성**Uncertainty, **복잡성**Complexity, **모호성**Ambiguity의 앞 글자를 딴 신조어다.

변동성의 가까운 예로, 내가 초등학생이던 시절에 역에는 약속을 잡은 사람들이 사용하는 연락용 칠판이 있었다. 사정이 생겨 도착이 늦어진 상대에게 일정과 함께 '먼저 갈게요.', '○○ 카페에서 기다릴게요.'와 같은 메시지를 남기기 위한 용도였다.

그러나 휴대용 무선 호출기, 휴대 전화, 스마트폰 등 통신 수단이 발달함에 따라 연락 방법도 변화하면서 연락용 칠판은 자취를 감추었다. 그리고 신종 코로나 바이러스 감염증의 여파로 직접적인 만남도 제한되다 보니 온라인으로 미팅하는 일이 흔해졌다.

이는 일상 뒤편에 숨어 있는 불확실성과 모호함을 다시 한번 확인하게 하는 한편, 편리한 수단이 늘어나면서 커뮤니케이션의 유형이 복잡해진 것을 실감케 한다. 앞으로는 '신문물이 범람하는 시대'가 더욱 가속화될 것이다. 그때 **새로운 변화를 즐길 줄 아는 성장 마인드셋을 지니고 있는가는 집중력의 관점을 넘어 매우 중요한 일이다.**

앞서 다루었듯이 우리는 부정성 편향 때문에 무의식중에 부정적인 일이나 위험에만 주목하기 쉽다. 그러나 **인간은 의식적으로 긍정적인 것을 찾고 그것으로 주의를 돌릴 수 있는 생명체다**.

예를 들어 아침에 밖으로 나가 화창한 날씨에 기분 좋은 감정을 즐기는 여유로운 마음은 성장 마인드셋을 만드는 데 중요한 요소다. 커피를 좋아한다면 평소에는 아무렇지 않게 손에 쥐던 커피잔을 앞에 두고 새삼 기쁨을 느끼며 마셔 보자. 일상 속에서 기분 좋은 일, 즐거운 일에 의식을 두고 그것을 음미하는 것으로, 나는 이러한 행위를 '일상 맛보기'라고 이름 짓고 실천하고 있다.

이때 가능한 한 언어화하여 감상을 입으로 말해야 한다. '날씨가 좋아서 기분이 너무 좋아.', '아, 정말 행복해.'라고 중얼거리며 그 순간을 즐기는 것이다. **이러한 습관을 들이면 행복한 편도체가 긍정적인 감정 기억을 늘리고 자연스럽게 성장 마인드셋을 구축한다**.

갑자기 긍정적인 마음가짐으로 일상 속에서 행복한 순간을 찾아보라고 하면 어색할지도 모르지만, 평소에 긍정적인 감정에 의식을 두고 그 순간을 즐기면 'Use it or Lose it' 원칙이 작용한다. 그것은 결국 **변화에 강한 뇌, 집중하는 뇌를 만드는 첫걸음이며, '뷰카 시대'를 살아가는 힘이 된다**.

변화를 즐기고 변화에 유연한 사고를 지닌 사람은 어떤 사회에서도 좋은 평가를 받고 인정받는다. 뇌는 무의식중에 에너지를 줄이고, 힘을 보존하는 쪽으로 반응하므로 많은 사람이 낯선 환경을 피하고 거부하려 하기 때문이다. 하지만 성장 마인드셋을 가지고 새로운 환경에서도 집중력을 발휘하는 사람은 더 많은 것을 배우며 꾸준히 성장하고 있다.

POINT 격동의 시대야말로 일상을 즐기는 습관이 필요하다.

2장

왜 집중력을 유지하지 못하는가?

집중력을
유지하는 조건은?

- ‘스마트폰 문자 수신음에 주의를 빼앗겨 도착한 메시지를 읽고 나니 딴생각이 떠올라 당장 해야 할 일에 집중하기 어려웠다.’
- ‘부서 이동으로 옆자리에 온 동료가 다리를 떠는 바람에 정신이 사나워 능률이 떨어진다.’
- ‘겨우 집중해서 일하기 시작했는데 상사가 말을 거는 순간 집중력이 흐트러졌다.’

이렇게 주변 환경 때문에 주의력이 흐트러져 ‘겨우 집중했는데!’ 하고 화가 난 경험은 누구나 있을 것이다. **최고의 능률을 발휘하기 위해 빼놓을 수 없는 힘인 집중력은 의외로 섬세하다**. 나도 한때 집중력을 키우고 싶다고 바란 적이 있었고, 많은 사람이 이와 같은 바람을 지니고 있을 것이다.

집중력은 왜 유지하기가 힘들까? 그리고 **깊은 집중 상태로 다시 되돌리는 일은 왜 어려울까?** 2장에서는 집중의 메커니즘을 알아보고, 집중력을 유지하는 방법을 소개한다.

보통 ‘집중력은 15분을 넘기기 힘들다.’, ‘집중을 방해하는 요소가 있으면 금세 집중력이 떨어진다.’, ‘중간에 쉬는 시간이 없으면 집중력을 회복하기 어렵다.’와 같은 집중력에 관한 여러 가지 견해가 있다. 하지만 나는 **일정 조건이 충족된다면 집중을 유지하는 시간에는 제한이 없다**고 생각한다. 물론 일류 운동선수가 경험하는 '존Zone'이라고 불리는 최고의 집중 상태가 영원히 지속되는 것은 아니다. 그러나 인간의 뇌는 **일정 수준의 집중 상태를 오래 유지하여 일이나 공부, 운동 등에 몰입하는 잠재력을 갖추고 있다**.

가령 밤을 새워 공부하면 능률이 떨어진다고들 한다. 그런데 전날 밤에 벼락치기를 한 뒤 다음날 시험에서 최고의 능력을 발휘한 경험은 없는가? 혹은 제품 납기나 프로젝트 마감일이 얼마 남지 않아 팀 동료들과 한마음 한뜻으로 몇 시간이고 몰두한 끝에 멋진 성과를 이룬 적은 없는가?

사람의 생명을 책임지는 의사는 열 시간이 넘는 수술을 하기도 한다. 물론 간간이 쉬는 시간이 있긴 하지만, 몇 시간이나 고도의 집중 상태를 유지한다.

일요일 아침 설레는 마음으로 산더미처럼 쌓인 만화책을 전권 독파하고 정신을 차려 보니 날이 밝아 오던 일, 동아리 활동 시절 정신없이 공을 뒤쫓다 보니 어느새 운동장에 짙은 어둠이 깔려 있던 경험 등 이렇게 발휘한 집중력은 흔히 말하는 집중의 법칙과는 거리가 먼 듯하다. 하지만 한 시간 반은 물론 세 시간 또는 네 시간이나 집중 상태가 이어져 상상 이상의 성과를 이루었을 것이다. 만약 **이렇게 특이한 집중 상태를 경험해 보았다면 스스로 체험하고 발휘한 집중력과 숨겨진 잠재력을 믿어 보기를 바란다**.

프롤로그에서 언급한 것처럼 나는 매일 2시간만 자면서 UCLA 신경 과학 수업을 이수했다. 근성만 있으면 뭐든지 할 수 있다고 말하려는 것이 아니다. 집중력의 복잡한 면을 이해하고 적절한 조건을 갖춘다면 누구나 높은 집중력을 발휘할 수 있다는 뜻이다.

POINT 적절한 조건을 갖춘다면 집중력을 유지하는 시간에는 한계가 없다.

맑은 뇌와 열정적인 뇌

그렇다면 적절한 조건이란 무엇일까? 그것은 '**심리적 안정**'이다. 심리적 안정이란 불안과 두려움을 느끼지 않는 상태 혹은 불안이나 두려움을 느끼더라도 감정에 휘둘리지 않고 뇌가 편안하게 사고하고 말하며 행동할 수 있는 상태를 말한다.

홀로 생각에 잠기는 시간, 반론과 의문을 제기하며 상대방과 토론하는 시간, 자신의 약점을 드러내도 신뢰가 무너지지 않는 인간관계와 그러한 공동체도 이에 해당한다. **심리적 안정은 집중의 질을 높이고 집중을 유지하는 데 큰 영향을 미친다.**

추상적인 표현이긴 하지만, 최고의 집중력을 발휘하기 위해서는 **'맑은 뇌'와 '열정적인 뇌'가 조화를 이루어야 한다.**

심리적 안정 상태와 심리적 불안 상태

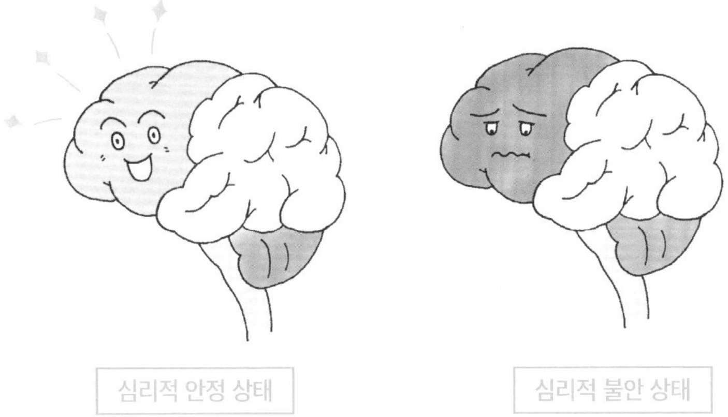

- 맑은 뇌는 침착하고 차분한 마음이다.
- 열정적인 뇌는 강한 욕망과 호기심으로 원하는 목표를 향해 나아가는 마음이다.

뇌가 맑을 때는 집중을 유지하기 쉽고, 열정적일 때는 집중력이 높아져 능률이 오른다. 심리적 안정은 이 2가지 상태를 토대로 집중력을 뒷받침한다. 2장에서는 '맑은 뇌'에 대해 설명하고, '열정적인 뇌'에 관해서는 4장에서 자세히 살펴보겠다.

흐트러진 집중력을 되돌려 집중을 유지하고자 할 때, 필요한 기본 토대는 맑은 뇌다. 집중력을 높이는 데 중요한 요소는 평정심과 차분함으로, 맑은 뇌를 만드는 데 빼놓을 수 없는 조건이 바로 심리적 안정인 것이다.

뇌 신경 과학의 연구에 따르면 **마음이 편안할 때는 전전두엽이 활성화되고, 불안이나 두려움을 느낄 때는 전전두엽의 기능이 저하된다**고 한다.*5 그러므로 인간은 불안과 두려움을 느끼면 고도의 집중력을 발휘하기가 힘들다. 전전두엽은 사고력과 창의력, 집중력에 관여하고 감정을 조절하는 뇌의 중추다. 이러한 전전두엽의 기능이 저하되면 **집중력이 떨어지고 사고가 정체되며, 감정조절이 어려워진다**. 즉 집중력을 높이고 집중을 유지하는 조건은 심리적 안정과 맑은 뇌라고 할 수 있다.

POINT 집중력은 마음이 편안할 때 높아진다.

집중력을 높이려면
일단 집중을 잊자

집중력을 높이기 위해 일단 집중에서 벗어난 이야기를 하려고 한다. **심리적 불안을 이해하고, 심리적 안정을 찾는 기술 없이는 최고의 집중력을 발휘하기 어렵기 때문이다.**

스트레스를 받아 심리적으로 불안해지면 옆구리 주변에 있는 부신피질에서 스트레스 호르몬이라 불리는 코르티솔이 분비된다. 코르티솔이 과도하게 분비되어 혈류를 타고 뇌에 도달하면, 편도체가 반응하여 위험이 발생했으니 어서 피하라는 경고 신호를 보낸다. 그러면 불안과 두려움이 커지고 논리적인 사고보다 위험을 피하기 위한 반응이 먼저 나타나면서 전전두엽의 기능은 저하된다.

예를 들어, 보이스 피싱에 휘말린 사람의 뇌는 심리적 불안이 매우 커진 상태다. 평소에는 수상한 사람에게 이상한 소리를 들으면 바로 눈치채던 사람이 보이스 피싱에 걸려드는 이유는 처음 전화를 받았을 때 충격을 받아 편도체가 강하게 반응하고, 전전두엽의 기능이 저하되어 냉정한 판단을 내릴 수 없기 때문이다. 이른바 '머릿속이 새하얘진' 것이다.

당신도 느닷없이 많은 사람 앞에서 이야기해야 할 때, 중요한 프레젠테이션 직전에 PC가 고장 났을 때 등 당황해서 할 말을 잊고 우왕좌왕한 경험이 있을지 모른다. 이는 과도한 스트레스로 평정심을 잃고 마음이 불안해져 제대로 집중할 수 없었기 때문이다. 게다가 **심리적 불안을 느끼는 상황에 자주 노출되면 지레 겁먹고 피하는 등 부정적인 기억이 강화된다.**

예컨대 부하 직원에게 큰소리로 야단치는 상사 밑에서 일하고 있다고 가정해 보자. 상사는 상대방을 위해 쓴소리를 했다고 생각할지 모르지만, 질책을 당하면 과도한 스트레스로 마음이 불안해져 상사의 쓴소리에 담긴 메시지는 귀에 들어오지 않는다. 전전두엽의 기능이 저하되어 상사의 말에 집중할 수 없고, 그 말을 논리적으로 받아들이기도 어렵기 때문이다.

반면 불안과 두려움을 느낄 때 편도체는 활발히 움직인다. **불안이나**

두려움을 감정 기억으로 저장하는 것이다. 따라서 상사가 전하고자 하는 말은 남지 않고, '눈앞에 있는 사람은 나에게 위험해.', '되도록 가까이 지내지 말자.'와 같은 부정적인 인상이 강하게 남는다. 이는 감정을 담당하는 편도체가 생존에 유리한 선택을 우선으로 하기 때문이다.

POINT 심리적 불안이 커지면 집중하기 어렵다.

새롭게 발견한 '뇌의 알아차림 네트워크'

심한 스트레스로 불안을 자주 느껴 부정적인 감정 기억이 쌓이면 우리는 부정적 감정이 찾아오는 상황을 어려워하고 피하려 한다. 그래서 직장 내에서 갑질을 일삼는 상사와 대화할 때, 많은 사람 앞에서 이야기할 때, 프레젠테이션을 맡았을 때 지레 겁먹고 피하려고 하는 것이다. 그러면 집중력이 흐트러지고 능력을 제대로 발휘하지 못하면서 점점 더 자신감이 떨어지는 악순환에 빠지고 만다.

어떤 일에 몰두할 때 심리적 불안이 큰 상태에서는 집중력을 발휘하기 어렵다. 그렇기 때문에 **먼저 마음이 편안한 환경을 조성하는 일이 중요하다.** 더 나아가 **불안이 엄습해 와도 그것을 알아차리고 마음의 안정을 찾는 것이 관건이다.**

1장에서는 뇌의 3가지 정보 처리 네트워크에 관해 설명했다. 첫 번째는 경험과 기억에 따라 자동으로 정보를 처리하고 지시를 내리는 '디폴트 모드 네트워크', 두 번째는 자발적으로 의식을 집중할 때 활성화되는 '주의 집중 네트워크', 세 번째는 서로 다른 특징을 가진 2가지 네트워크의 전환을 담당하는 '현출성 네트워크'였다. 이 중 **현출성 네트워크는 2010년대에 들어서면서부터 뇌 신경 과학 분야에서 주목받기 시작해 활발하게 연구되고 있는 '알아차림 네트워크'다.**

갑자기 누군가 뒤에서 소리를 지르면 우리는 흠칫 놀란다. 이는 무의식적인 반응이지만, 뇌에서는 무언가 이상하다는 비상경계 신호를 알아차리고, 얼마나 놀랐는지 파악한 뒤 '깜짝 놀랐네.' 하고 의식하는 순서를 거친다.*6

현출성 네트워크는 **내면에서 일어나는 변화를 알아차리는 역할을 하며, 심리적 안정과 깊은 관련이 있다.** 우리가 무의식중에 느끼는 불안이나 두려움, 스트레스를 감지할 수 있는 이유는 현출성 네트워크의 작용 덕분이다.

POINT 현출성 네트워크가 불안과 두려움, 스트레스를 감지한다.

궁지에 몰리면 머릿속이 하얘지는 이유

마음을 불안하게 하는 원인이 무엇인지 알아차릴 때 비로소 어떤 대책을 세워서 그 원인을 해결할 것인지 고민할 수 있다. 가령 갑자기 많은 청중 앞에서 강연해 달라는 부탁을 받고 나자 당장 처리해야 할 업무가 손에 잡히지 않는다거나, 위에서 쥐어짜는 듯한 감각이 느껴지는 등 어떤 스트레스 반응이 나타났다고 하자.

이럴 때 보일 수 있는 반응에는 2가지가 있다. 스트레스를 알아차리고 이를 의식하거나, 불안이 극에 달한 채로 스트레스 상황에 맞서는 것이다. 알아차리고 의식할 수 있다면 다른 사람에게 고민을 털어놓거나, 짬을 내어 마음을 진정시키는 등 상황에 맞게 대책을 마련하여 심리적 불안을 털어낼 수 있다.

이 흐름을 3가지 정보 처리 네트워크에 대입해 보면 **현출성 네트워크가 알아차린 무의식적 스트레스 반응을 주의 집중 네트워크가 인식하고 대처할 수 있는가** 하는 문제다. 만일 현출성 네트워크가 보낸 비상경계 신호를 주의 집중 네트워크가 알아차리지 못하고 지나쳐버리면 불안과 두려움, 스트레스 상태에서 판단을 내려야 한다.

궁지에 몰리면 머릿속이 새하얘진다. 이때 무심코 나오는 행동은 과거의 경험이나 기억에 따라 반복하는 행동이다. 따라서 어떤 행동을 일으켜 그럭저럭 위기를 넘겼다고 해도 원하는 성과를 얻기는 힘들다.

게다가 후회와 함께 부정적인 기억이 남는다. 그러한 반복을 피하기 위해서는 **내면의 변화를 알아차리는 현출성 네트워크를 이용해 내면의 소리에 진지하게 귀를 기울여야 한다**. 이렇게 내면을 의식하는 일은 뇌가 심리적 안정을 유지하는 데 도움을 준다.

POINT 현출성 네트워크의 '알아차림'을 활용하는 것이 중요하다.

집중을 방해하는 불안·두려움·스트레스 대처법

그러면 어떻게 해야 심리적으로 안정된 환경을 스스로 만들 수 있을까? 선문답 같지만 지금 느끼는 불안과 두려움, 스트레스를 알아차릴 수 있는 사람은 오직 나 자신뿐이고, 가장 먼저 적절하게 대처할 수 있는 사람도 나 자신뿐이다.

마음이 편안한 환경을 만들기 위한 지름길은 **스트레스나 불안을 느끼고 알아차렸을 때 대처할 수 있도록 해소 방법을 미리 마련해 두는 것**이다. '불안이 찾아오면 ○○을 한다.'라고 미리 정해 놓자. 예를 들면 이렇게 말이다.

- 계속해서 일이 잘 풀리지 않아 현실 도피를 하고픈 마음이 든다면, 그 비상경계 신호를 무시하지 말고 재미있게 몰두할 수 있는 만화, 소설, 영화 등에 푹 빠져 본다.
- 좋은 아이디어가 떠오르지 않아 매일같이 답답함을 느낀다면, 마음에 드는 사우나에 가서 땀을 쭉 빼고 온탕과 냉탕을 번갈아 들어가며 긴장을 푼다.
- 바쁜 업무로 인해 큰 부담을 느낀다면, 아침 일찍 절에 찾아가 기도를 한다.
- 거래처의 중요한 인물을 만나는 일이 스트레스라면, 거래처를 방문한 뒤 무사히 일을 마친 자신에게 달콤한 간식을 선물한다.
- 무엇이 옳고 그른지 선택에 확신이 들지 않는다면, 학창 시절 은사님을 찾아간다.
- 업무, 공부, 집안의 고민거리를 생각하느라 지쳐 있다면, 같은 취미를 가진 친구를 만나 오롯이 취미와 관련된 대화만 나눈다.

'마음이 불안할 때 ○○을 한다.'에서 '○○'는 마음이 안정되고, 평정심을 유지하는 데 도움을 주는 행동이라면 무엇이든 좋다.

사우나 가기와 만화책 읽기는 내가 매일 실천하는 방법인데, 기분 전환에도 좋고 뇌를 맑아지게 한다. 사우나를 할 때는 땀을 쭉 빼면서 스트레스가 씻겨 내려가는 모습을 상상하고, 만화책은 가슴이 들뜨고 배꼽이 빠질 정도로 웃긴 작품을 골라 읽는다. 웃음은 뇌에 베타 엔도르핀이라는 신경 전달 물질을 분비시키기 때문에 웃으면 실제로 마음이 평온해진다. 즉 **웃으면 마음도 맑아진다.**

마음을 건강하게 해 주는 나만의 방법을 찾아보자. **온몸으로 즐거움을 느낄 때는 즐거운 일 이외에 다른 일은 머릿속에서 떠나보내고, 진심으로 신뢰하는 사람과 만날 때는 그 사람에게만 집중해야 한다.**

그렇게 마음을 치유해 주는 사람이나 물건, 장소의 소중함을 새로이 발견하면 불안이나 스트레스를 해소할 방법이 있다는 사실이 기억 속에 남는다. 그러면 불안이 엄습해 와도 기억에 의지해 마음의 평온을 찾을 수 있다.

POINT 불안을 해소할 방법이 있으면 불안한 마음을 떨칠 수 있다.

심리적 불안을 알아차리고 심리적 안정에 주목하자

중요한 것은 **평소에 심리적 안정에 도움이 되는 기억을 뇌에 저장해 두는 일이다.** 그렇게 준비해 두면 갑자기 불안과 두려움, 스트레스가 밀려와도 현명하게 대처하여 뇌를 맑게 유지할 수 있다.

이른바 **심리적 불안이라는 어둠을 길들이고, 심리적 안정이라는 빛에 의식을 두는 것이다.** 일이 잘 풀리는 사람은 성공 가능성에 주목하고,

하는 일마다 실패하는 사람은 좌절 가능성에 초점을 맞춘다.

부정적인 일을 못 본 척하는 것이 아니라 그것을 알아차리고 해결책을 모색한 뒤, 성공 가능성에 주목하는 것이다. 앞서 말했듯이 뇌는 부정적인 생각에 빠지기 쉬우므로 부정적인 상태로 내버려 두면 새로운 도전을 피하려 한다.

현출성 네트워크의 알아차림을 활용해 가능성에 주목하는 습관을 들이는 것이 맑은 집중 상태를 유지하는 비결이다. 반대로 불안을 길들이는 기술 없이 하루하루를 보낸다면 불확실한 뷰카 시대에는 악순환에 빠질 위험이 있다.

좌절 가능성보다는 성공 가능성을 바라보고, 어둠을 길들여 빛을 의식하자. 그것이 현출성 네트워크를 활용하여 심리적 안정을 찾고, 맑은 집중 상태를 유지하는 조건이다.

POINT 성공을 기대하고 '가능성'에 주목하자.

하루 동안 '알아차린 순간'을 기록하자

스스로 편안한 환경을 만들기 위해서는 현출성 네트워크의 작용을 이해하는 것이 중요하다. 지금부터 이에 도움이 되는 2가지 훈련법을 소개하겠다.

첫 번째는 아침에 일어난 뒤부터 하루 동안 얼마나 평정심을 유지했는지 기록해 보는 연습이다. 먼저 전날에 다음 날 할 일의 목록을 만든다.

- 아침 ○시에 일어나 ○시에 출근
- ○시부터 미팅 참석
- ○시에 ■사의 A 씨와 회의
- ○시부터 ○시까지 사무 업무
- ○시에 ▲사의 B 씨 방문 예정
- ○시부터 부서 미팅
- ○시부터 ○시까지 자료 작성
- ○시부터 상사 C, 거래처 직원과 회의
- ○시에 귀가 예정
- ○시까지 자격증 시험공부
- ○시에 취침

오전 일정은 점심시간에, 오후 일정은 귀가 후에 '결정해 둔 행동을 차분하게 실행했는지' 확인한다. 여기에서는 감정의 움직임이 중요하다. 예를 들면 이런 것이다.

'○시부터 참석한 미팅에서 타 부서 상사의 의견에 동의할 수 없었지만, 눈

치를 보느라 반론을 제기하지 못했다. 그래서인지 미팅이 끝난 뒤에도 떨떠름한 감정이 남았다.'

'○시부터 ○시까지 자료를 작성할 계획이었는데 후배가 일으킨 문제를 처리하느라 일을 제때 하지 못했다. 문제는 해결했지만, 화가 나서 후배에게 심한 말을 하고 말았다.'

'집에 돌아온 뒤 ○시까지 공부하려고 했는데 집중이 되지 않아 늘어지게 TV만 보았다.'

이와 같이 예정대로 행동하기는 했지만 냉정하게 대처하지 못했던 상황과 그때의 감정을 자세히 들여다보자. 그 일을 되돌아보면 불안이나 조바심, 스트레스와 같은 부정적인 감정에 휘둘려 무의식적으로 행동했다는 사실을 깨달을 것이다.

이런 식으로 정리하다 보면 각각의 상황에서 느낀 답답함과 초조함, 나태함 등을 현출성 네트워크가 알아차리고 있었다는 사실 또한 알 수 있다. 잠시 냉정함을 잃고 흔들렸던 상황을 기록하면서 현출성 네트워크의 작용을 실감

하는 것이다. 또 감정의 흔들림을 알아차릴 수 있게 되면 '잠깐만.', '전에도 이런 일이 있었지.' 하고 자신이 원하는 방향으로 행동을 수정할 수 있다. 중요한 것은 반복해서 자신을 관찰하는 일이다.

두 번째는 현출성 네트워크의 알아차림을 이용해 마음을 편안하게 하는 연습이다. 먼저 첫 번째 연습 때 만든 일정표를 사용해 고요한 마음으로 예정된 일을 마쳤던 상황을 되돌아본다. 또 그 과정에서 일정에는 없었지만, 순조롭게 해결했던 일이 떠오르면 그것도 적어 본다. 일이 잘 풀렸던 시간과 장소, 방법을 연결 짓는 것이 중요하다.

- 오늘은 정해 둔 분량보다 자격증 시험공부를 더 많이 했다. 그 카페에서는 집중이 잘되는 듯하다.
- 터무니없는 행동을 하는 상사에게 별로 화가 나지 않았다. 아침에 공원에서 운동했더니 마음이 차분해졌나 보다.
- 마음이 초조해서 기분 전환을 할 겸, 사무실 건물 옥상으로 올라가 보았다. 의식적으로 심호흡을 했더니 마음이 편안해져서 다시 일에 집중할 수 있었다.
- 휴일 전날 밤에 방을 청소하면 스트레스가 해소되어 기분 좋게 쉴 수 있다는 사실을 깨달았다.

이처럼 일상 속에서 마음을 편안하게 해 주는 시간과 장소, 방법을 알아 두면 좋다. 선택지가 많을수록 변화하는 일상 속에서 현출성 네트워크를 제대로 활용할 수 있고, 불안이나 충동적인 감정, 스트레스에 휘둘리지 않는 자기 조절 능력을 키울 수 있다.

심리적 안정과
관련 깊은 자율 신경 작용

심리적 안정을 추구할 때 현출성 네트워크와 함께 주목해야 할 것이 있다. 바로 자율 신경인 '교감 신경'과 '부교감 신경'이다.

보통 뇌 신경 과학이라고 하면 많은 사람이 '뇌' 과학이라고 생각한다. 하지만 뇌는 전신에 퍼져 있는 신경계 중 일부이며, 교감 신경과 부교감 신경이 보내는 정보와 소통하면서 우리를 움직이게 하는 기관이다. 물론 **자율 신경의 작용은 집중력과 심리적 안정에도 큰 영향을 미친다.** 자율 신경은 서로 반대 작용을 하는 교감 신경과 부교감 신경이라는 2가지 신경으로 이루어져 있으며, 생명을 유지하는 기본 작용, 즉 심장을 움직이거나 혈관을 확장하고 수축하게 하는 근육 운동에 관여한다.

교감 신경은 자동차에 비유하면 액셀과 같다. 교감 신경이 우세하면 혈관은 수축하고 혈압이 상승한다. 또 기분이 고양되고 활동적이며 적극적인 모습을 보인다.

반면 **부교감 신경은 자동차에 비유하면 브레이크일 듯하지만, 엄밀히 말하면 안정적으로 주행하는 상태다.** 부교감 신경이 우세하면 혈관은 적절히 이완되고 혈압은 낮아진다. 또한 위장은 활발하게 움직여 소화를 시작하는 한편, 신체는 긴장이 풀리고 마음은 편안해지며 차분해진다. 즉 **부교감 신경이 활성화될 때는 액셀 대신 브레이크를 밟는 상태가 아닌**

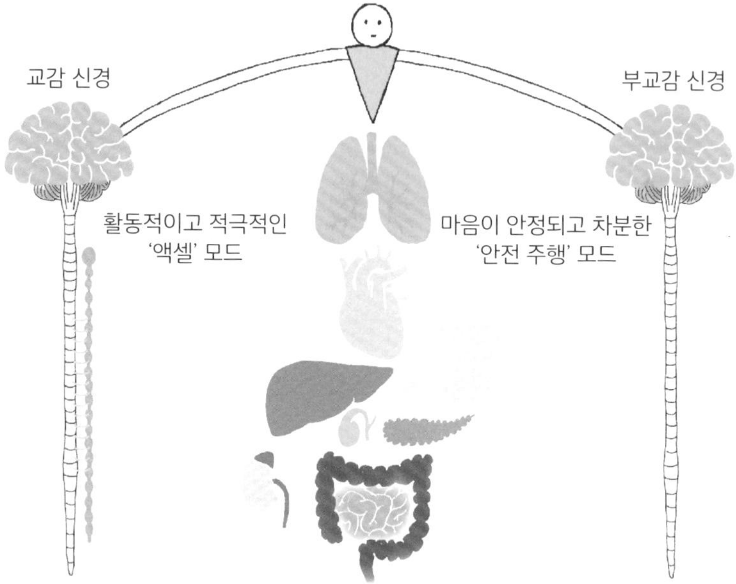

안정적으로 엔진이 돌아가는 중요한 순간이다.

그러나 자율 신경에 관한 여러 연구에서 '**현대인은 부교감 신경의 기능이 저하되고, 교감 신경이 과도하게 활성화된 사람이 많다.**'라는 사실이 밝혀졌다. 우리의 일상에는 교감 신경을 자극하고 자율 신경의 균형을 무너뜨리는 요소가 널려 있기 때문이다.

- 개인 공간을 확보하지 못하는 도심 속 만원 전철
- 지나친 할당량을 채워야 하는 과도한 업무
- 아무런 대가 없이 계속되는 가사일

- 휴일에도 메일이나 메신저로 날아오는 업무 지시
- 각지에서 일어나는 비참한 사건을 보도하는 뉴스

평범한 일상에서도 우리는 많은 자극에 노출된다. 아침에 일어나 밤에 잠들기 전까지 '교감 신경을 자극하고, 부교감 신경의 기능을 떨어뜨리며, 심리적 불안을 높이는 요인'에 둘러싸여 지내는 것이다.

그렇다고 해서 부교감 신경을 활성화하고 교감 신경의 기능을 억제해야 하는 것은 아니다. **자율 신경이 가장 균형 잡힌 상태는 교감 신경과 부교감 신경이 적절한 힘으로 서로 대항하는 상태**로, 이때 마음이 안정되고 뇌는 맑고 차분해지면서 집중력을 발휘할 수 있다.

자율 신경의 균형을 맞추는 데 효과적인 방법이 바로 '호흡법'이다. 숨을 들이쉴 때는 교감 신경이 활성화되고, 숨을 내쉴 때는 부교감 신경이 활성화된다. 따라서 **마음을 진정시키고 싶을 때는 힘들지 않을 정도로 숨을 짧게 들이쉬고, 숨을 천천히 길게 내쉬는 방법이 좋다.**

긴장하던 일이 지나갔을 때 '휴' 하고 안도의 숨을 내쉬는 것은 자율 신경이 부교감 신경을 활성화하려는 자동적인 반응이다. 반대로 긴장하면 교감 신경이 우세해져 불안이 커지기 때문에 가슴이 쿵쾅거리고 숨이 가빠진다. 이때 현출성 네트워크로 얕아진 호흡을 알아차리고, 주의 집중 네트워크를 이용해 의식적으로 심호흡하는 것이 좋다. 길고 깊게 숨을 내쉬면 부교감 신경이 기능을 되찾으면서 자율 신경이 균형 잡힌다.

이렇게 평소에 자신의 호흡을 의식하면 '아, 지금 교감 신경이 과도하게 작용하고 있구나.', '부교감 신경에게 주도권을 넘기려는 모양이네.' 하고 알아차리면서 **자율 신경의 액셀 모드와 안전 주행 모드를 적절하게 활용할 수 있다**. 그러나 평소에 호흡법을 익혀 두지 않으면 예상치 못한 상황이 닥쳤을 때 호흡법을 생각해 내기가 쉽지 않다. **아무 일 없을 때도 호흡을 의식할 줄 아는 사람만이 갑작스러운 상황에 놓였을 때 효과적으로 호흡법을 활용할 수 있다.**

POINT 심리적 안정을 위해 자율 신경의 균형에 주의를 기울이자.

마음을 차분하게 하는 호흡법 & 루틴

마음을 안정시키는 호흡법에는 다양한 방법이 있다. 내가 야구 소년이던 시절에 배운 단전 호흡도 그중 하나인데 그 방법만이 정답인 것은 아니다. 지금부터 소개할 호흡법을 익히고 난 뒤, 마음을 차분하게 하는 자신만의 호흡법을 만들어 보자.

1 편안한 자세를 취한다.
2 눈을 완전히 감거나 반만 감는다.
3 호흡의 리듬을 찾는다.
4 자신만의 행동 루틴을 만든다.

무리하지 않는 선에서 꾸준히 실천할 수 있는 방법이어야 한다는 것이 중요하다. 그러기 위해서라도 우선 편안한 자세를 잡는다. 양반다리도 좋고, 바닥에 누워도 좋다. 서 있는 자세가 편하다면 서서 해도 상관없다.

편안한 자세를 찾았다면 다음은 눈을 감는다. 자율 신경은 동공의 수축과도 관련이 있다. 눈이 부셔서 눈을 반쯤 감았을 때 부교감 신경의 작용이 활발해지는데, 이는 마치 아침 햇살을 바라보며 나도 모르게 실눈을 뜨고 편안한 마음을 느끼는 그러한 상태다. 편안한 자세를 취한 뒤 밝은 곳에서는 눈을 반쯤 감고, 어두운 곳에서는 눈을 완전히 감은 채로 호흡에 의식을 둔다.

세 번째 단계는 호흡이다. 스트레스가 쌓였거나 심리적으로 불안할 때는 호흡이 빨라지고, 어깨를 들썩이며 숨을 쉰다. 그러면 숨을 들이쉬는 데 치중하느라 짧고 빠르게 숨을 내쉬게 된다. 호흡법을 실천할 때는 다음에 주의한다.

- 의식을 호흡에 집중한다.
- 폐뿐 아니라 배에 공기를 채우듯이 숨을 들이쉰다.
- 천천히 깊게 숨을 내쉰다.

특히 천천히 숨을 내쉬는 것이 중요하다. 숨은 코로 내쉬거나 입으로 내쉬어도 상관없다. 편안한 방법을 선택하면 된다. 천천히 깊게 숨을 내쉬면 어떤 자세라도 배가 조금씩 수축하는 감각을 느낄 수 있을 것이다.

정해진 시간에 맞추어 숨을 들이쉬고 내쉴 필요는 없다. 들이쉬는 시간보다 내쉬는 시간을 길게 하고, 숨을 천천히 깊게 내쉬는 데 집중하면서 편안한 리듬을 찾아보자.

호흡의 리듬을 찾았다면 마지막으로 호흡법에 들어가기 전에 자신만의 행동 루틴을 만든다. 양팔을 가볍게 풀어 주거나, 무릎 스트레칭하기 또는 이마와 양쪽 어깨, 배를 오른손 집게손가락으로 가볍게 마사지하는 등 어떤 행동이어도 상관없다.

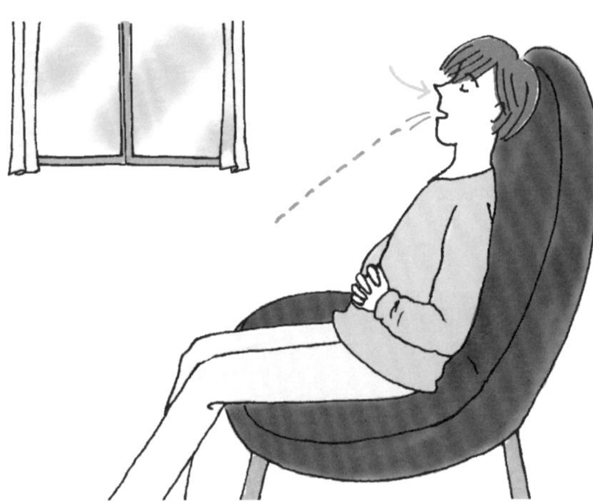

호흡법의 시작을 알리는 자신만의 사인을 정하고, 그 루틴을 행동으로 옮기면서 '마음을 안정시키기 위해 호흡한다.', '호흡 명상을 꾸준히 했더니 집중력이 오르는 듯하다.' 등 호흡 명상을 하는 이유를 명확히 인식한다. 호흡법과 루틴을 실천하는 의미를 되새기면 기억 드리븐이 더욱 긍정적으로 작용한다.

호흡법이
어떻게 능률을 높이는가?

나는 뇌와 멘탈 관리에 관심이 없던 어린 시절부터 야구 연습 중 하나로 호흡법을 실천해 왔다. 프롤로그에서도 말했듯이 초등학교 때 활동했던 소속 팀의 감독님은 단전을 이용한 호흡법과 시합 전에 눈을 감고 마음을 차분하게 하는 명상법을 가르쳐 주면서 산만해지기 쉬운 나의 의식을 경기에 집중할 수 있도록 도와주었다. 당시의 나는 이유도 모른 채 배운 것을 실천했는데, 마운드 위에 올라가기 전에 단전에 의식을 두고 호흡을 계속하면 공을 마음대로 다룰 수 있었고, 타자를 유심히 관찰하면서 공을 던질 수 있었다.

그리고 지금도 **아침에 일어난 직후, 밤에 잠들기 전, 중요한 프레젠테이션이나 강연을 앞두고 있을 때, 마음이 요동칠 때, 반짝이는 아이디어가 필요할 때 등 여러 상황에서 호흡을 의식하며 나의 정신을 맑게 하는 데 힘을 쏟고 있다.**

뇌 신경 과학을 배운 지금은 호흡법이 어떻게 이러한 변화를 가져오는지 그 이유를 알고 있다. **첫 번째 이유는 자율 신경의 균형을 맞추면 마음이 차분해지기 때문이고, 두 번째 이유는 호흡에 집중하는 동안 현출성 네트워크의 알아차림 작용이 활발해지기 때문이다.**

호흡 명상을 하고 나면 뇌의 정보 처리 네트워크에는 이러한 변화가 나타난다. 호흡 명상을 하면 자율 신경이 균형 잡혀 마음이 편안해지고 집중력이 오른다. 게다가 차분해진 호흡 덕분에 자기 내면과 대화도 나눌 수 있으며, 현출성 네트워크로 마음에 귀를 기울이면 내면을 다스리는 데 도움이 된다. 그러면 능률을 최대로 발휘하기 쉬운 마음 상태, 즉 **사고와 정서, 감정을 다스리기 쉬운 상태로 변한다.**

프로 야구 선수였던 스즈키 이치로는 타석에 들어설 때마다 깊게 숨을 내쉬고, 오른팔을 앞으로 뻗어 배트를 수직으로 세우는 특유의 행동 루틴을 선보였다. 스즈키 이치로뿐 아니라 럭비 선수 고로마루 아유무, 테니스 선수 오사카 나오미 등 일류 스포츠 선수도 시합 중에 독자적인 행동 루틴을 보이고 있다.

그들은 왜 매번 같은 행동을 하는 것일까? 뇌 신경 과학의 관점에서 보면 **매번 반복하는 특정 행동은 최고의 능률을 발휘할 수 있도록 마음을 편안하게 하는 자신만의 의식**이라고 할 수 있다. 루틴이라고 하면 특유의 자세, 들이쉬고 내쉬는 호흡의 길이, 독특한 신체 움직임 등에 관심이 쏠리기 쉽지만, 중요한 본질은 내면이 어떠한가이다.

정갈한 마음 상태에서 독특한 신체 동작이나 자세를 반복적으로 연습하면, **디폴트 모드 네트워크가 작동하여 독특한 행동 루틴을 할 때마다 마음이 편안해진다.** 즉 루틴은 어떤 환경에 놓여도 능률을 최고로 발휘할 수 있도록 해 주는 일종의 주문 같은 것이며, 심리적 안정을 찾아 주는 도구다.

POINT 호흡법을 루틴으로 만들면 능률을 높일 수 있다.

최고의 집중력으로 바꾸는 스위치

스즈키 이치로 선수의 행동은 많은 선수 중에서도 특히 독특한데 이러한 독자성은 루틴을 만드는 데 매우 중요한 요소다. **독자성이 중요한 이유는 독특한 행동과 그 행동이 동반하는 정신 상태를 연결해, 뇌가 기억하기 쉽도록 학습시켜야만 하기 때문이다.** 언제 어디서나 흔히 할 수 있는 행동이라면 그 행동을 고양된 정신 상태와 연결하기 힘들뿐더러 루틴 효과를 거두기도 어렵다.

능력을 최고로 발휘할 수 있도록 정신을 가다듬기 위해서는 독특한 행동 루틴을 만들 필요가 있다. 그리고 그 루틴을 두뇌와 신체로 표현할 때 **'함께 활성화된 신경 세포는 서로 연결된다Neurons that fire together wire together.'라는 신경 과학의 중요한 원칙이 성립한다.**

우선 능률을 최고로 끌어올릴 수 있는 맑은 정신이 어떤 상태인지 알아차리는 일이 중요하다. 그러기 위해서는 현출성 네트워크의 능력을 키워야 한다. 맑은 정신이 어떤 상태인지 탐구하고, 자신만의 독특한 습관과 행동 루틴을 정하여 정신을 가다듬는 연습을 해 보자.

처음에는 주의 집중 네트워크를 이용해 의식적으로 몸과 마음을 연결하는 작업이 필요하다. 그렇게 특정 행동을 반복하여 몸과 마음을 일치시키면, 어느덧 주의 집중 네트워크의 도움 없이도 **디폴트 모드 네트워크의 작용에 따라 루틴이라는 스위치를 눌러 자연스럽게 고양된 정신 상태로 바꿀 수 있다.**

스즈키 이치로 선수와 같은 일류 운동선수들이 직면하는 긴장 상황과는 다르겠지만, 우리도 무언가를 할 때 늘 비슷한 상황만 일어나지는 않는다. 어떤 환경에서도 일정한 능력(뇌가 맑은 상태)을 발휘할 수 있도록 자신을 조절하는 데에는 루틴이 큰 역할을 한다.

호흡법은 누구나 쉽게 실천할 수 있는 루틴이다. 나도 집중력을 최고로 끌어올려야 할 때 정해진 방법으로 호흡하고, 나만의 루틴 동작을 한다. 이를 몇 년이나 반복했더니 **루틴이 스위치처럼 안정된 심리 상태로 바꾸어 주면서 최상의 능력을 발휘하도록 해 주고 있다.**

물론 실전에서 일이 잘 풀리지 않을 때도 있다. 나에게 필요한 최적의 정신 상태가 항상 같지는 않기 때문이다. 따라서 늘 자신과 대화하고 상황에 맞게 자신을 조절하는 것이 중요하다.

원래는 긴장감에 쉽게 사로잡혀 최고의 능력을 발휘하지 못했던 나도 이러한 루틴을 반복하자 조금씩 나를 통제할 수 있게 되었고, 능력을 마음껏 펼칠 수 있게 되었다. 오히려 지금은 역경도 즐기는 사람으로 변했다. **루틴을 반복하면 능력을 충분히 발휘했던 기억이 남아 기억 드리븐을 생성하고, 어떤 환경에서도 자연스럽게 원하는 행동을 하도록 만들**

수 있다.

심리적 불안이 엄습해 오면 뇌는 본래 가진 능력을 마음껏 발휘하지 못한다. 호흡법과 같은 루틴은 우리를 위기에서 구해 주고, 마음을 안정시켜 집중력을 끌어올릴 수 있도록 돕는다.

POINT 루틴을 이용해 몸과 마음을 일치시키면 능률이 오른다.

심리적 안정을 유지하는 3단계

심리적 안정은 뇌를 맑게 하는 데 빼놓을 수 없는 조건이다. 지금까지 뇌와 자율 신경에 대해 알아보고, 스스로 마음의 안정을 찾는 방법을 설명했다. 마지막으로는 뇌와 자율 신경, 이 2가지를 접목해 내일이라도 당장 실생활에 적용할 수 있는 '심리적 안정을 유지하는 3단계'를 소개하겠다.

1단계 마음을 차분하고 편안하게 만든다.

2단계 마음을 편안하게 하는 행동과 습관을 표로 만든다.

3단계 마음이 편안해지는 시간을 일정에 넣는다.

'차분하고 편안한 마음을 위한 준비 단계'는 마음을 편안하게 해 주는 시간과 장소, 사물 등을 다시 한번 확인하는 단계다. 먼저 큰 메모장이나 노트를 준비하자.

메모장이나 노트에 앞에 나왔던 '하루 동안 알아차린 순간 기록하기'에서 발견한 점과 마음을 편안하게 해 주는 장소와 시간, 사람, 행동을 적어 내려간다. 물론 스마트폰이나 컴퓨터에 메모해도 상관없다. 또 '집중이 잘되는 장소'나 '높은 집중력을 발휘했던 시간'과 같이 기억에 남는 상황도 함께 적는다. 이는 기업 연수에서도 활용하는 방법인데, 불안이나 초조, 두려움, 스트레스 등을 해소해 주는 요소를 찾고, 언제 심리적 안정을 느끼는지 다시 한번 확인하려는 목적이 있다.

마음을 편안하게 해 주는 장소와 시간, 사람, 행동 등을 최대한 많이 적어보자. 연수에서 두세 가지를 적고 나니 더는 생각나지 않는다는 말을 자주 듣게 되는데, 그럴 때마다 나는 "자신을 깊이 탐구하면 20개는 쓸 수 있어요."라며 독려한다.

아주 사소한 것도 괜찮다. 누군가에게 보여 주고 채점을 받는 것도 아니다. 생각나는 대로 하나라도 더 적어 보자.

- 커피를 내릴 때 마음이 편안하다.
- 업무가 바빠도 집에 돌아와 가족들의 얼굴을 보면 피로가 풀린다.
- 편의점에서 신상품을 발견하면 가슴이 설렌다.
- 샤워할 때 긴장이 풀어져 좋은 아이디어가 떠오르기도 한다.
- 드라이브하면서 큰 소리로 노래를 부르면 해방된 마냥 기분이 좋아진다.
- 온천의 노천탕에 들어가면 생각이 정리되고 기분이 상쾌해진다.
- 밤에 잠들기 전에 호흡 명상을 하면 스트레스가 많았던 날에도 푹 잘 수 있다.
- 아침에 사무실에 도착하면 1분간 명상을 한다. 명상을 하고 나면 집중력이 높아지는 듯하다.

- 초조할 때는 껌을 씹는다.
- 지치고 힘들 때는 밤에 슬픈 영화를 보며 눈물을 흘린다.

이어서 2단계, 즉 마음을 편안하게 하는 행동과 습관을 표로 만드는 방법을 설명하겠다. 이는 심리적 안정과 관련된 항목을 2가지 관점에서 평가하고 표로 만드는 단계다.

- 접근성**Accessibility**
- 영향을 미치는 강도**Intensity**

'접근성'이란 그 항목을 실천하기가 얼마나 쉬운가를 나타낸다. 예를 들어 아침에 커피를 내리는 일은 집에 핸드 드립 세트가 있으면 언제든지 실천할 수 있다. 반면에 온천의 노천탕은 효과가 커도 휴가를 내야 하므로 자주 실천하기 어렵다.

이렇듯 글로 적은 항목을 접근성의 관점에서 ◎, ○, △ 3단계로 평가한다(언제든 실천 가능하다면 ◎, 자주 실천하기 어렵다면 △). 이어서 '영향을 미치는 강도'란 그 항목을 실천했을 때 얼마나 마음이 편안해지는지, 얼마나 긍정적인 영향을 미치는지를 나타낸다.

가령 커피를 내릴 때 커피 향 때문에 마음이 편안해진다면 ○, 사우나에서 늘 좋은 기획안이 떠오른다면 ◎, 이런 식으로 항목을 ◎, ○, △ 3단계로 평가하는 것이다. 나의 경우 UCLA 캠퍼스에 가면 탁 트이고 상쾌한 기분이 들면서 갖가지 아이디어가 떠올랐는데, 좀처럼 마음먹고 가기에는 힘들었다. 그래서 영향을 미치는 강도는 ◎였으나 접근성은 △였다. 이제 평가가 끝났다면 항목을 표에 넣어 보자.

세로: 접근성 ◎, ○, △

가로: 영향을 미치는 강도 ◎, ○, △

이렇게 집중하기는 좋지만 좀처럼 가기 힘든 장소, 마음이 편안해지는 가까운 곳, 좋은 아이디어가 필요할 때 무의식중에 선택했던 환경 등 심리적 안정을 느꼈던 항목을 표로 만든다. 이 표는 되도록 손으로 직접 작성하고, 항목도 새롭게 적어 본다. 두 번, 세 번 고민해서 적으면 각각의 긍정적인 기억이 뇌에 더욱 강하게 남기 때문이다. 또 1단계와 2단계를 실천하고 점검하면서 자신을 객관적으로 바라볼 수도 있다.

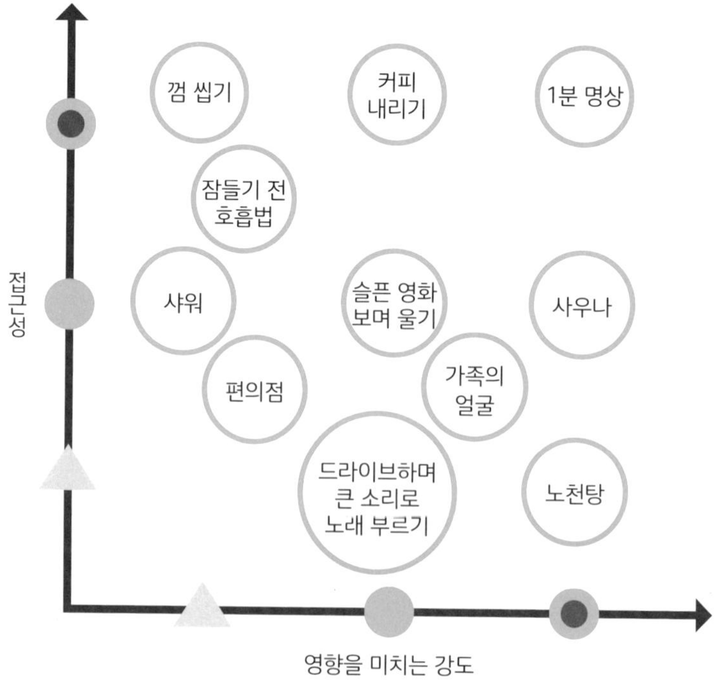

- 나는 언제 마음이 안정되는가?
- 내가 좋아하는 환경에는 어떤 공통점이 있는가?

이러한 관점에서 작성한 표를 보며, 깨달은 점을 다음과 같이 표 아래에 적어 둔다.

- 나는 마음이 편안할 때 아이디어가 잘 떠오른다.
- 나는 좋아하는 사람과 대화할 때 심리적 안정을 느낀다.
- 나는 스트레스가 쌓일수록 혼자 생각할 시간이 필요하다.

3단계는 마음이 편안한 시간, 즉 표로 만든 항목을 매일 일정에 넣는 단계다. 접근성이 높은 항목은 일상생활 속에, 접근성이 낮은 항목은 주말이나 휴일의 특별한 시간으로 배정한다. 영향을 미치는 강도가 높은 항목과 낮은 항목은 그때그때 필요에 따라 나누어 넣는다.

마음을 편안하게 해 주는 항목을 매일 행동으로 옮기면 결과적으로 집중력을 높이는 효과를 누릴 수 있다. 많은 사람이 일이나 가사, 육아 등 누군가를 위해 해야만 하는 일을 우선으로 일정을 짠다. 하지만 관점을 조금 바꿀 필요가 있다.

마음을 안정시켜 주는 항목을 일정에 먼저 넣고, 그 앞뒤로 해야 할 일을 배치하는 것이다. 즐거운 일, 마음이 편안한 일, 스트레스에서 벗어날 수 있는 일을 중심으로 일정을 짜고, 그 앞이나 뒤에 업무, 가사, 육아 등을 분배하여 넣어 보자.

그러면 일상의 많은 부분에서 '조금만 더 하면 커피를 즐겁게 마실 수 있어.', '곧 나만을 위한 자유시간이다.' 등 긍정적인 감정을 느낄 수 있다. 그것이 심리적 불안을 해소하고 뇌를 맑게 한다.

3장

뇌 신경 과학으로 본 '4가지 집중력'

몰입하는 집중력과 창의적인 집중력은 다르다

집중력을 소재로 한 일상의 경험을 떠올려 보자. 어떤 장면이 떠오르는가?

- '오늘은 집중해서 일에 몰두할 수 있었다.'
  - ▶ 책상에 앉아 자료를 차례로 훑어보며 메모하는 장면
- '회사 동료가 말을 거는 바람에 집중력이 흐트러졌다.'
  - ▶ 컴퓨터 화면에 집중하려는데 회사 동료가 말을 걸어오는 장면
- '공부하기 싫어서 뉴스 사이트를 뒤지기 시작했다.'
  - ▶ 공부할 때 사용할 필기구를 펼쳐 놓고 무심코 스마트폰을 누르는 장면

공통점은 눈앞에 집중할 대상이 있고, 거기에 의식을 모아 부지런히 무언가를 하는 장면이다. **'집중력'이라고 하면 많은 사람이 어떤 고정관념에 사로잡힌다.**

자세히 말하자면 당장 해야 할 일이나 공부에 의식을 두고 주변 정보에 방해받지 않으면서, 효율적으로 일을 처리해 생산성을 높이는 장면을 떠올린다. 그것이 집중이라고 생각하는 것이다.

그러나 **뇌 신경 과학으로 본 집중은 더 유연하고 폭넓은 개념이며, 1가**

지에 집중하는 상태만을 가리키지는 않는다. 예를 들어 이런 경험이 있는지 떠올려 보자.

- 모아둔 자료를 앞에 두고 눈을 지그시 감고는 미간을 찌푸리며 생각에 잠겼을 때, 좀처럼 실마리가 풀리지 않던 일의 해결책이 떠올랐다. → 기명 집중**記名 集中**(반복 집중)
- 욕실에서 샤워하며 생각에 잠겼더니 좋은 아이디어가 떠올랐다. 하지만 내가 어디를 씻고 어디를 씻지 않았는지 기억이 나질 않는다. → 자재 집중**自在 集中**(자유 집중)
- 운동할 때 '지금이야.' 하는 순간 몸이 자연스럽게 반응하여 최고의 성과를 냈다. → 부감 집중**俯瞰 集中**(조망 집중)

이러한 3가지 상황도 뇌 신경 과학의 관점에서는 집중으로 본다.

주의 집중 네트워크를 켜고 자료나 교재에 몰두하여 새로운 지식을 습득하는 동안 좋은 아이디어나 해결책이 떠오르기도 한다. 이는 내면에 깊이 집중하는 가운데 **디폴트 모드 네트워크가 과거 경험, 또는 기억과 새로 들어온 지식을 조합해 풀어야 할 과제를 생각하기 때문이다.** 이때 현출성 네트워크가 '아' 하고 번뜩이는 영감을 감지한다. 좋은 아이디어나 해결책이 인식되면 갑자기 생각이 떠올랐다는 감각을 느낀다. **→ 기명 집중**

목욕하거나 헬스장에서 가벼운 운동을 하는 등 디폴트 모드 네트워크가 정보를 처리할 때, 자신도 모르는 사이 시선이 내면을 향하고 이런저런 생각이 떠오른다. 이것도 일종의 집중 상태로, 자신의 생각을 정리하거나 지금까지의 경험을 되돌아보는 소중한 시간이며, 문득 깨닫는 순간이 찾아오기도 한다. → **자재 집중**

복잡한 일을 동시에 처리하느라 뇌가 바삐 움직이는데도 돌발 상황에 정확히 대처하거나 놀라운 아이디어가 떠오르기도 한다. 이는 한 분야에 정통한 사람에게 일어나는 현상으로, 눈앞에 놓인 일에 주의를 집중하면서 시야를 넓히고 많은 일에 집중할 수 있는 상태다. 뛰어난 서빙 직원이 손님의 주문을 받으며 레스토랑 전체를 파악하듯이 풍부한 경험을 지닌 사람이 갖춘 집중력이다. → **부감 집중**

여기에 **흔히 말하는 '공부나 업무, 새로운 정보를 습득하기 위해 집중하는 상태인 입문 집중入門集中(몰입 집중)'을 포함한 4가지 집중력이 뇌 신경 과학 연구를 통해 밝혀진 4가지 집중 상태다.** 3장에서는 뇌 신경 과학으로 본 '4가지 집중력'에 대해 알아보겠다.

POINT 집중력은 1가지가 아닌 4가지 상태로 나뉜다.

안인가 밖인가?
넓은가 좁은가?

입문 집중, 기명 집중, 부감 집중, 자재 집중 이 4가지 집중력은 다음과 같이 정의 내릴 수 있다. '안으로'는 의식이 내면으로 향한 상태, '밖으로'는 의식이 외부로 향한 상태이며, '좁게'는 의식이 1가지에 집중한 상태, '넓게'는 많은 일을 동시에 파악하고 있는 상태를 말한다.

1. **'밖으로, 좁게'(입문 집중): 일반적으로 떠올리는 집중력**

   예: 새로운 지식에 주의를 집중하고 공부나 업무에 몰입한 상태.

2. **'안으로, 좁게'(기명 집중): 1가지 과제를 계속 생각하는 과제 해결형 집중력. 새롭게 습득한 정보를 강한 기억으로 남김(학습)**

   예: 로댕의 생각하는 사람처럼 눈을 감고 생각에 잠긴 상태. 또는 과거 기억을 떠올리는 상태.

3. **'밖으로, 넓게'(부감 집중): 전체를 보고 직관적으로 행동함**

   예: 기억과 경험을 바탕으로 높은 곳에서 내려다보듯 거시적으로 상황을 파악하고, 직관적으로 빠르게 판단을 내림. 다수의 복잡한 정보를 인지하고, 직관적으로 통합적인 의사 결정을 내리는 상태.

4. **'안으로, 넓게'(자재 집중): 의식에서 벗어나 뇌가 제한 없이 자유롭게 정보를 처리함**

   예: 멍하게 있는 듯, 무의식에 가까우며 자유롭게 생각을 떠올리는 상태. 상상하거나 망상 또는 창조하는 상태.

이 4가지 집중력은 모두 필요하고 우리 생활에 도움이 되는 능력이다. 다만 **집중력이라고 하면 보통 '밖으로, 좁게'의 입문 집중만 떠올리는데, 이러한 고정 관념에 사로잡히면 뇌가 가진 잠재력을 충분히 발휘하기**

'4가지 집중력'이란?

어렵다.

뇌의 집중력은 크게 4가지로 나뉘며, 각각의 활용법과 향상법이 다르다. 이를 알면 원하는 집중력을 적절히 활용하기 쉽고, 뇌가 가진 가능성을 넓힐 수 있다.

심리적 안정의 중요성을 이해한 뒤, 집중력은 4가지로 나뉜다는 사실을 기억하자. 그것이 집중력의 폭을 넓히고 능률을 높여 주며, 마음을 풍요롭게 하는 첫걸음이다.

POINT 어떤 상황에서 어떤 집중력이 필요할지 생각해 보자.

입문, 기명, 부감, 자재 4가지 집중력

121쪽에 실려 있는 그림은 임페리얼 칼리지 런던의 로버트 리치 교수팀이 연구한 인간의 주의력 실험을 바탕으로 4가지 집중 상태일 때 나타나는 뇌의 움직임을 도식화한 것이다.*7 우선 가운데에 있는 그림은 뇌가 각성하지 않은 상태다. 이는 다섯 번째 집중 모드로 해석할 수 있는데, 잠을 잘 때처럼 전혀 집중하지 않는 상태와 같다.

왼쪽 그림은 주의를 자신의 내부에, 오른쪽 그림은 외부에 집중한 상태다. 그리고 위쪽 그림은 여러 방면으로 폭넓게, 아래쪽 그림은 한 곳에만 주의를 좁게 기울인 상태를 나타낸다. 즉 오른쪽 아래가 '밖으로, 좁게' 입문 집중, 왼쪽 아래가 '안으로, 좁게' 기명 집중, 오른쪽 위가 '밖으로, 넓게' 부감 집중, 왼쪽 위가 '안으로, 넓게' 자재 집중이다.

그림에서 색으로 표시된 부분은 활성화된 뇌 부위를 나타내고, 회색은 활성화되지 않은 상태를 나타낸다. 여기에서 주의해야 할 점은 이 그림은 뇌가 작용하는 전체 영역을 재현한 것이 아니라 후방 대상 피질PCC, Posterior Cingulate Cortex이라는 영역의 활성도에 초점을 맞췄다는 것이다. PCC는 지금까지 몇 번이고 등장한 '디폴트 모드 네트워크'의 작용을 담당하는 중심 부위다.

디폴트 모드 네트워크는 '과제 부정적 네트워크Task Negative Network'라고도 불리며, 무언가를 하려고 의식하지 않을 때 기능하고, 자기 내면에 있는 기억이나 경험을 이용해(기억 드리븐) 여러 가지 정보를 처리한다. 깨어 있지만 휴식하는 상태와 같고, 외부가 아닌 내면에 주의를 기울이는 상태다.

최신 연구를 통해 디폴드 모드 네트워크를 담당하는 PCC가 창의력과 상

4가지 집중 상태일 때 뇌의 활동

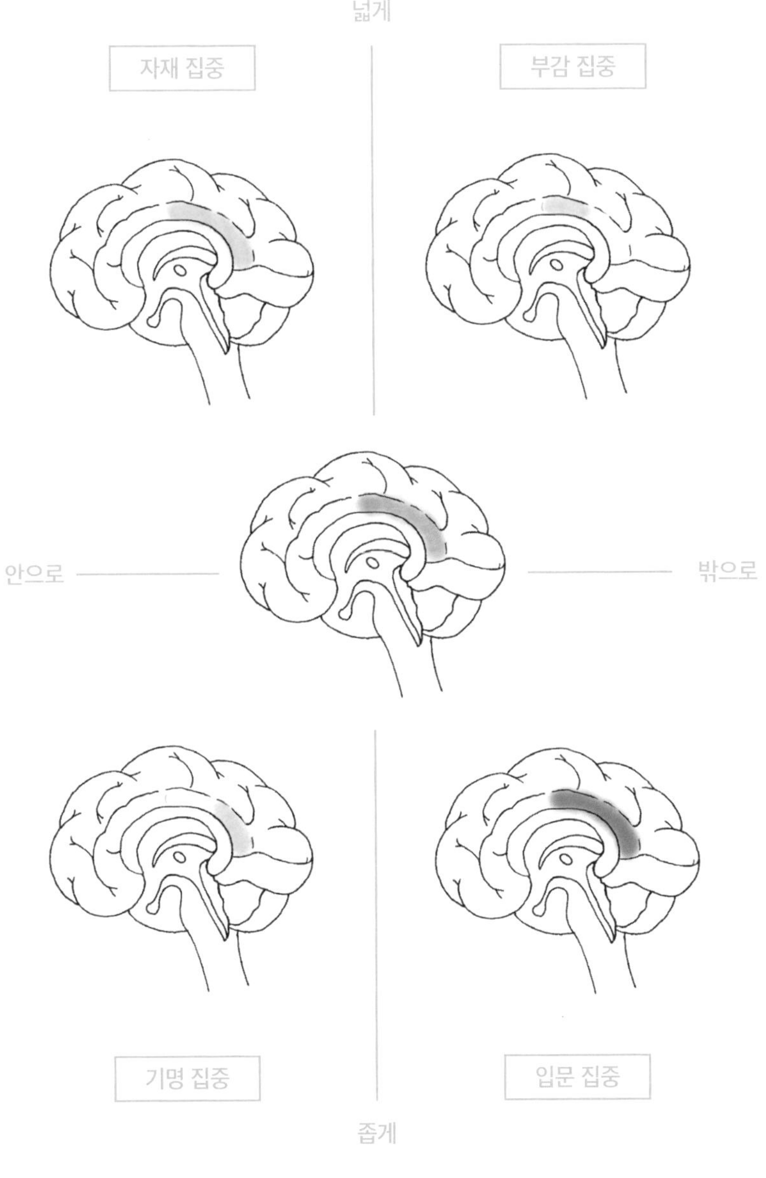

상력의 근간이라는 사실이 밝혀졌다.*8 즉 새로운 아이디어가 필요하거나 독특한 발상을 원할 때 PCC가 활성화되면 좋은 성과를 얻을 수 있다.

이번에는 오른쪽 아래 그림을 주목해 보자. 이 그림은 '밖으로, 좁게' 입문 집중이다. 흔히 말하는 집중력, 즉 새로운 정보를 받아들이고 일이나 공부에 몰입하는 상태를 나타낸다. 그러나 PCC는 회색으로 표시되어 있다. 디폴트 모드 네트워크는 비활성화되어 있으며, 뇌가 발상과는 정반대인 활동을 하고 있다.

생각해 보면 이는 당연하다. '밖으로, 좁게' 입문 집중 상태일 때는 의식적으로 무언가에 몰입하여 일을 처리하는 '주의 집중 네트워크'가 중심이기 때문이다. 물론 입문 집중은 새로운 것을 배울 때 기본이 되는 중요한 집중력이다. 다만 굳이 여기에서 PCC에 초점을 맞춘 4가지 집중 상태를 그림으로 실은 데는 이유가 있다. 집중력을 떠올릴 때 '밖으로, 좁게' 입문 집중에 편중된 낡은 상식을 버리고, 고정 관념에서 벗어나기를 바라는 마음에서다.

오른쪽 위, 왼쪽 위, 왼쪽 아래 이 3가지 집중력은 아직 생소할 뿐 아니라, 그 작용을 확실히 자각하는 사람도 드물다. 하지만 이 부분이야말로 집중력에 관한 고민을 해결해 줄 중요한 열쇠다.

각각의 집중력은 차이가 있으며, 정보 처리 내용도 다르다. 그러나 모든 집중력은 중요하고 삶에 도움이 된다. 먼저 이러한 인식을 바탕으로 집중력에 관한 시야를 넓혀 보자.

4가지 집중력은 무엇이든 1가지만 사용하는 것보다 오른쪽 아래 '밖으로, 좁게' 입문 집중을 기준으로 하여, 그 밖의 3가지 집중력을 조화롭게 활용하는 것이 가장 바람직하다. 집중력을 번갈아 가며 자유롭게 사용하면 효율적으로 학습하고 성장할 수 있다.

많은 사람이 '밖으로, 좁게'
입문 집중에만 의존한다

현대인들은 **'밖으로, 좁게'의 입문 집중을 중요시하고, '집중력 = 밖으로, 좁게'라는 편견을 지니고 있다.** 일상을 돌아보면 이는 당연한 일인지도 모른다. 회사 업무, 토론, 지시를 주고받는 거래 등 모든 일이 '밖으로, 좁게' 집중하는 능력을 요구한다. 또한 개인 시간에도 많은 사람은 자극 덩어리인 스마트폰을 손에 들고, 전 세계에서 몰려드는 정보와 흥미를 끄는 맞춤형 콘텐츠를 접한다. **우리는 관심이 외부로 향하기 쉬운 환경에 살고 있고, 하루를 바쁘게 보내느라 좀처럼 '안으로' 집중할 시간이 부족하다.**

이는 최근 수십 년 사이에 일어난 변화다. 시곗바늘을 크게 돌려 수만 년 전, 인류가 현대인과 비슷한 뇌를 가지고 생활하는 모습을 상상해 보자. 태곳적 인류는 해가 떠오르면 활동을 시작하고, 해가 지면 달빛과 모닥불만으로 생활했을 것이다. 어둠 속에서 활발하게 활동하기에는 어렵고, 그렇다고 잠들기까지는 시간이 남아 있다.

그때 옛 인류는 어디에 주의를 집중했을까? 아마도 자신의 내면이었을 것이다. 자연스럽게 '안으로, 좁게' 기명 집중, '안으로, 넓게' 자재 집중 상태로 들어갔을 것이다.

- '사냥할 때 이렇게 했더라면 제대로 잡을 수 있었을 텐데.'

- ‘오늘 하루 마음이 평온했던 이유는 무엇일까?’
- ‘오늘 그 사람과 보낸 시간은 너무 즐거웠어.’
- ‘내일은 무엇을 할까?’

다른 사람이 보기에는 멍하니 앉아 있는 것처럼 보여도 본인은 자신의 내면과 마주하며 그날 있었던 일, 과거와 미래를 떠올리면서 상상의 나래를 펼쳤을 것이다. 당시에는 자신이 가진 머릿속 정보에 집중할 기회가 많았을지 모른다. 그러나 지금은 그런 시간 대부분을 잃어버렸다. **기술의 발전과 편리한 생활로 밖에서 간단하게 의문의 해답을 얻을 수 있는 만큼 현대에는 ‘안으로, 좁게’ 깊이 생각하는 일, ‘안으로, 넓게’ 다양한 관점에서 자기 경험을 되돌아보는 일 그리고 상상할 기회가 줄어든 것이다.**

더 정확히 말하면 우리는 사실 ‘밖으로, 좁게’와 더불어 ‘안으로, 좁게’도 잘 활용하고 있다. 그러나 대부분 조금 전에 있었던 기분 나쁜 일을 곱씹거나 앞으로 일어날 위험에 주목하는 부정성 편향이라는 제한적인 활용에 머무르고 있어 ‘안으로, 좁게’의 잠재력을 끌어내지 못하고 있다.

현대 사회는 많은 것이 세분화되어 있어서 직장에서도 학교에서도 해야 할 일이 명확한 경우가 많다. 따라서 해야 할 일 자체에 주의를 집중하는 일이 많아진 탓에 거시적으로 상황을 파악하거나 다양한 정보를 넓은 관점에서 생각하고 처리할 일이 줄어들었다. 분업화와 세분화는 확실히 '좁게' 집중하기는 쉽지만, 그만큼 '넓게' 주의를 기울이는 능력을 소홀히 하기 쉽다는 점도 명심해야 한다.

현대인들은 4가지 집중력 중에서 3가지를 적절히 활용하지 못한 나머지 1가지 집중력에 편향된 상태다. 이는 인간이 가진 잠재력을 충분히 발휘하지 못한다는 뜻이기도 하다.

POINT 거시적인 관점에서 정보를 처리하는가? 자신과 대화할 시간이 충분한가?

익숙지 않은 3가지 집중력을 재발견하자

뇌에는 경험과 체험을 통해 배우고 이를 활용하는 시스템이 있다. 따라서 풍부한 경험과 성공 실적이 있는 일을 할 때는 집중력이 높아진다. 즉 **집중했던 경험이 많을수록 집중하기 쉬운 뇌로 변한다.**

수험 공부로 성과를 낸 사람은 사회인이 되어서도 책상에 앉아 '밖으로, 좁게' 입문 집중을 활용하기 쉽고, 학창 시절에 고객 응대 아르바이트를 한 경험이 풍부한 사람은 직장 내 대인 관계에서도 '밖으로, 넓게' 부감 집중을 적절하게 사용할 수 있다. 그러나 많은 사람이 '밖으로, 좁게 = 집중력'이라는 고정 관념에 사로잡혀 다른 3가지 집중력을 사용할 때는 집중하고 있다고 자각하지 못한다.

예컨대 내면을 탐구하고 중장기적인 목표를 세우는 것이 서툰 사람은 자신에게는 분석력과 지속력이 부족하다고 생각할지 모른다. 하지만 그것은 '안으로, 좁게' 기명 집중, '안으로, 넓게' 자재 집중을 적절히 활용하지 못했기 때문이다. 또 복잡한 작업을 동시에 처리하는 데 어려움을 겪는 사람은 '나는 집중력이 약해.'라고 생각할 수 있다. 그러나 그것은 '밖으로, 넓게' 부감 집중 상태로 들어가는 일이 익숙지 않을 뿐이다.

이렇게 자신이 부족하다고 느끼는 이유는 3가지 집중력을 집중 상태라고 자각하지 못하고, 제대로 일을 해내지 못했던 상황과 그때의 감정만 강하게 기억하고 있기 때문이다. 본인에게 필요한 집중력을 갖추지 못했기 때문이 아니다.

익숙지 않은 집중력의 메커니즘을 이해하고 실천해 보며, 경험을 늘리는 것이 중요하다. 경험이 쌓이면 4가지 집중력을 능숙하게 사용할 수 있다.

POINT 4가지 집중력의 메커니즘을 이해하고, 모든 집중력을 사용하자.

집중력, 발상력, 상상력은 나이와 상관없이 키울 수 있다!

평소 새로운 발상을 떠올리기 위해 노력하는 사람이나 뇌의 사고 네트워크와 집중력을 의식적으로 사용하는 사람은 발상력과 창의력이 뛰어나다.

예를 들어 연구자가 연구실에서 곰곰이 생각을 거듭할 때는 '밖으로, 좁게' 입문 집중 상태와 '안으로, 좁게' 기명 집중 상태를 자유롭게 오가고 있다. 이때는 **좀처럼 좋은 해답이나 연구 아이디어가 떠오르지 않더라도 연구실 밖으로 나가 산책할 때나 휴식을 위해 떠난 여행지에서 갑자기 반짝이는 아이디어가 떠오르기도 한다.**

이는 환경이 변해 '밖으로, 넓게' 부감 집중과 '안으로, 넓게' 자재 집중 상태로 들어갈 수 있었기 때문이다. 이러한 번뜩임은 평소에 '밖으로, 좁게' 집중과 '안으로, 좁게' 집중으로 생각을 거듭해 밑바탕이 갖추어졌을 때 일어난다. 여유롭게 지냈기 때문에 아이디어가 떠오른 것이 아니라, 생각을 반복하여 기초를 마련했기 때문에 떠오른 아이디어를 인식할 수 있었다는 점이 중요하다.

4가지 집중력이 조화를 이루어 각각의 상태를 자유로이 오가면 원하는 성과를 이룰 수 있다. 이러한 집중력의 순환을 깨달으면 앞으로 더욱 순조롭게 번뜩이는 영감을 얻게 될 것이다.

이때도 'Use it or Lose it' 원칙이 작용한다. 자신이 가진 집중력을 의식적으로 사용하면 나이와 상관없이 집중력을 키울 수 있다. 흔히 타고나야 한다고 여기기 쉬운 발상력과 창의력도 마찬가지다. 평소에 집중력을 적재적소에 사용해 과제에 몰두하면 번뜩이는 아이디어를 불러올 수 있다.

새로운 발상, 창조적인 아이디어를 떠올리기 위해 집중해서 생각을 반복하면 뇌는 창조적으로 변한다. 그러나 많은 사람은 집중력의 순환 그 자체를 의식하지 못한다. 그러면 'Use it or Lose it' 원칙이 부정성 편향으로 작용하고, 집중력을 사용하지 않은 탓에 본래의 능력을 잃어버리고 만다.

반대로 말하면 잃어버린 능력도 다시 사용하면 되찾을 수 있다. 집중력을 높이기 위해서는 4가지 집중력을 의식적으로 사용하고, 4가지 상태를 얼마나 자유자재로 전환할 수 있는지가 관건이다.

POINT 4가지 집중력을 적재적소에 사용하면 집중력은 더욱 커진다.

새로운 배움에 필수인 '밖으로, 좁게' 입문 집중

지금부터 내가 생각하는 4가지 집중력에 관해 설명하겠다. 가장 먼저

'집중력' 하면 흔히 떠올리는 **'밖으로, 좁게' 입문 집중**에 대해 알아보자. '밖으로, 좁게' 입문 집중은 외부에 있는 집중 대상에 깊게 몰입하는 것이 특징이다. 깊이 몰입하여 주의를 집중한 정보는 그 자체만으로도 머릿속에 강하게 남는다.

가령 새로운 것을 배울 때, 중요한 시험 전에 공식을 외울 때, 좋아하는 장르의 책을 탐독할 때, 프로젝트 성공을 위해 팀원이 단합하여 일에 몰두할 때 등 '밖으로, 좁게' 입문 집중 상태로 들어가면 매우 효율적으로 학습하고 즐기면서 능력을 발휘할 수 있다. 이처럼 **학습 능률과 기억력을 높이고, 작업 효율을 높여 주는 것이 '밖으로, 좁게' 입문 집중의 장점이다.**

이때 활성화되는 사고 네트워크는 주의 집중 네트워크다. 외부 정보에 주의를 집중해 정보를 파악하고, 의사 결정을 내려 행동으로 옮긴다. **간단한 일을 순서대로 정리할 때, 명확한 목표를 위해 많은 정보를 처리해야 할 때, 상대방의 이야기나 수업 내용을 깊이 이해하고자 할 때 '밖으로, 좁게' 입문 집중이 도움이 된다.**

특히 새로운 것을 배우기 시작할 때는 '밖으로, 좁게' 입문 집중이 필수다. 방해 요소나 유혹에 흔들리지 않고, 주의를 밖에 있는 대상에 몰입해 농축된 정보를 뇌에 입력하면 기억에 각인될 가능성이 크기 때문이다.

입문 집중은 주로 주의 집중 네트워크를 사용하므로 그 기능에 알맞은 환경을 조성하면 더욱 효과적으로 활용할 수 있다. 우선 **가능한**

한 주의가 산만해지지 않는 환경을 만드는 일이 중요하다. 이는 1가지 대상에 주의를 집중해야 하므로 당연하다면 당연한 일이다. 시각, 청각은 물론 때에 따라 후각, 미각, 촉각 등 신경 쓰일 만한 요소가 있는지 살펴본다.

무엇보다 중요한 것은 부엌에서 나는 음식 냄새, 입안에 남아 있는 갈릭 토스트의 맛과 향, 스웨터의 따가운 감촉과 같은 자극을 없애는 것이다. 또한 잡음은 밖에서 들리는 소리만 있는 것은 아니다. '추워.', '배고파.', '배불러.', '머리 아파.', '왜 그런 식으로 말할까?', '졸리다.' 등 해야 할 일과 무관한 소리가 내면에서 끊임없이 들려온다. 따라서 건강 관리, 컨디션 관리 또한 중요하다.

입문 집중을 제대로 활용할 수 없다면 그 원인은 외부뿐 아니라 내부에도 있을 수 있다는 사실을 염두에 두고, 원인이 내부에 있는 것은 아닌지 파악할 필요가 있다. 다만 4장에서 설명하겠지만, 열정적인 뇌는 주변의 잡음에 휘둘리지 않기 때문에 환경은 정리할 수 있을 만큼만 정리해도 충분하다.

POINT 업무를 처리할 때 입문 집중이 도움이 된다.

한발 앞서
행동을 예측한다

'Executive'라는 단어가 들어가는 주의 집중 네트워크Central Executive Network는 말 그대로 사령탑처럼 뇌의 활성화를 촉진한다. 뇌와 신체에 명확한 목표를 알리고, 해야 할 일을 지시하는 역할이다.

때문에 **입문 집중은 목표와 목적이 명확할수록 능력을 효과적으로 발휘하기 쉽다.** 즉 목표에 관한 정보를 수집하고, 목표를 달성한 모습을 선명하게 그리는 일이 중요하다. 그리고 목표를 이루는 데 필요한 단계를 세부적으로 나누면 입문 집중의 효과를 높일 수 있다.

모두 지금까지 알려진 공부법과 학습법에서 말하는 내용이다. 자격증 시험, 수험 공부 등 해야 할 일이 명확한 목표는 뇌에 지시를 내리기 쉬우므로 입문 집중과 잘 맞는 방법이다.

주의 집중 네트워크의 목표 지향형 기능은 평소에 할 수 있는 사소한 연습만으로도 키울 수 있다. 그 연습은 **주의 집중 네트워크의 중요한 기능 중 하나인 '예측 기능'을 활용하는 방법이다.** 일이나 공부를 하기 전에 일상 속에서 예측 기능을 단련해 보자.

예를 들면, 양치질을 이용할 수도 있다. 양치질도 의식하지 않으면 무심코 양치를 끝마치게 되는데, 칫솔질을 할 때 의식을 집중해 보는 것이다. 양치질을 정확하고 정성스럽게, 그리고 가능한 한 빠르게 해 보자.

해 보면 알겠지만, 어느 정도 익숙해진 일은 그 일을 하면서 다음 해야 할 일이 무엇인지 뇌가 예측할 수 있다. 그리고 예측한 일이 머릿속에 떠오르면 다음 행동이 자연스럽게 이어져 몸이 효율적으로 움직인다. 익숙한 일이기 때문에 예측 기능이 작동해 뇌가 지금 할 일과 다음 할 일을 동시에 처리하는 것이다.

이처럼 **뇌가 한발 앞서 상황을 예측하고, 다음 해야 할 일을 찾아 실행하는 능력을 키우면 일 처리가 매우 빨라진다.** 이러한 예측 기능은 양치질뿐 아니라 요리를 하면서도 단련할 수 있다.

그리고 이러한 능력은 **책을 읽거나 문장을 쓸 때 또는 사람과 대화할 때도 응용할 수 있다.** 책을 읽을 때 우리는 한 문장 한 문장의 의미를 해석한다. 그러나 책을 많이 읽거나 한 장르를 섭렵한 사람은 책을 예측하면서 읽는다. 예측의 정확도는 사람마다 다르겠지만, **앞으로 전개될 내용을 지금까지 쌓아 온 경험과 지식에 빗대어 예상하며 읽는 것이다.**

문장을 쓸 때나 대화를 할 때도 같은 일이 일어난다. 많은 글을 써 본 사람은 예측 기능을 활용해 다음 내용을 구상하며 글을 쓸 수 있다. 나 또한 강연할 때, 다음 할 말을 간단하게 떠올리며 이야기를 이어 나갈 때가 매우 많다. 다만 예측 기능을 활용해 말하고자 할 때는 조금 천천히 말하면서 다음 내용을 떠올리는 것이 좋다. 왜냐하면 말하는 데 지나치게 열중하다 보면 뇌가 다음을 예측하기 어렵기 때문이다.

회의에서는 상대방의 이야기를 듣는 일도 중요하지만, 상대가 무슨 말을 할지 예측하거나 자신의 반응을 예상하며 이야기에 귀를 기울이는 일도 중요하다. 그러면 깊고 풍부한 대화를 순조롭게 나눌 수 있고, 그에 따른 아이디어도 떠오른다.

이러한 예측 기능을 목표를 이루는 데 활용하면 능률이 빠르게 오를 것이다. 여기까지 읽고 눈치챘을지 모르겠는데, 이는 **'밖으로, 좁게' 입문 집중을 사용하면서 '안으로, 좁게' 기명 집중도 효과적으로 활용하는 상태다.**

'안으로, 좁게' 기명 집중은 입문 집중과 떼려야 뗄 수 없는 관계다. 정보를 효율적으로 처리할 뿐 아니라 이를 자신의 것으로 만들려면 입문 집중에서 기명 집중으로 전환해야 하며, 또는 이 두 집중력을 함께 활용할 필요가 있다. 이어서 기명 집중의 역할과 활성화 방법에 대해 알아보자.

POINT 뇌의 예측 기능을 활용하면 능률을 빠르게 올릴 수 있다.

자신과 대화하는 '안으로, 좁게' 기명 집중

두 번째 집중력은 **'안으로, 좁게' 기명 집중**이다. 입문 집중 상태에서 머릿속에 들어온 정보가 인출retrieval되면 기억으로 정착된다. 인출 작업이 이루어질 때 집중력은 입문 집중과 기명 집중을 오간다.

예를 들어 이 책을 읽으면서 '그렇구나! 집중력은 4가지로 나뉘는구나!', '입문 집중, 기명 집중, 부감 집중, 자재 집중… 왠지 사자성어 같네.' 하고 머릿속에 정보를 입력했다고 하자. 이제 책을 덮고 며칠이 지난 뒤 다시 읽으면 대부분 '입문 집중, 기명 집중, 부감 집중, 자재 집중'은 잊어버리고, '집중력에는 4가지가 있다고 했던가?' 정도만 기억에 남을 것이다. 이는 입문 집중으로 받아들인 새로운 정보가 기억으로 정착되지 못했기 때문이다.

뇌는 한번 들어온 정보를 신경 세포에 저장한다. 그리고 **그 정보를 다시 꺼내야만 인출된 정보가 중요하다고 인식하여 기억을 고착시킨다.** 반대로 **한번 뇌에 들어왔더라도 다시 인출되지 않은 정보는 그다지 중요하지 않다고 판단되어 기억 속에서 사라진다.**

이 책을 읽은 뒤 '집중력은 4가지야.', '입문 집중이란, 기명 집중이란, 부감 집중이란, 자재 집중이란…', '생각해 보니 나도 모르는 사이 부감 집중 상태에서 아이디어를 낸 적이 있네.' 하고 들어온 정보를 다시 꺼내어 그 대상을 깊이 생각하면 기억이 강하게 남는다. 그리고 나서 **머릿속 정보에 주의를 기울여 이리저리 궁리하거나 과거에 느낀 감정을 회상하는 상태를 기명 집중**이라고 한다. 기명 집중은 무언가를 배우고 익히는 데 꼭 필요한 집중력이다. 아무리 입문 집중으로 주의를 한곳으로 모아 정보를 입력했다 하더라도 기명 집중이 동반되지 않으면 내 것으로 만들기 어렵다.

앞서 설명했듯이 입문 집중으로 미리 앞일을 예측하고 행동할 때도

'밖으로, 좁게' 집중하면서 동시에 '안으로, 좁게' 집중하기 때문에 예측 기능이 작동한다. 게다가 **예측 기능은 단순히 정보를 빠르게 처리할 뿐 아니라 학습 능률과 기억력 향상에도 효과가 있다.**

뇌가 예측하여 실행하는 일은 인출과 같은 효과가 있으며, 예측과 차이가 생길 때 뇌는 그 차이에 반응한다. 예측과의 차이를 감지하는 뇌의 메커니즘은 매우 정교하다. 예측과 차이가 나면 의식하기 쉽고, 도파민이 다량 분비되므로 기억이 뇌의 신경 세포에 강하게 남는다.

'예측해야 한다면 매우 중요한 정보다. 예측에서 벗어났다면 그것은 반드시 기억에 저장해 두어야 한다.'라고 인식하므로 뇌가 기억을 고착시키는 데 유리한 조건을 갖춘 것이다. 따라서 수업이나 회의의 흐름, 뒷이야기를 예상하면서 다음 할 일이나 앞으로 이야기할 내용 등을 떠올리며 그 상황에 몰입하는 것은 단순히 능률을 높일 뿐 아니라 그 체험을 더욱 선명하게 기억으로 남기는 효과가 있다.

예측 기능을 이용해 효율적으로 기억을 고착시키는 비결에는 2가지가 있다. **하나는 평소에 뇌의 예측 기능을 활용하는 방법을 익히는 것이고, 또 다른 하나는 예측 기능이 필요한 상황과 관련된 정보에 친숙해지는 것이다.**

애초에 한 번도 접해 보지 못한 정보나 익숙지 않은 일을 예측하기란 어려운 일이다. 새로운 내용을 이해하고 해석하는 데 뇌의 능력을 모두 써 버리기 때문이다.

흔히 '예습과 준비가 중요하다.'라고 하는 이유는 경험에 비추어 보았을 때 그렇게 하면 뇌의 예측 기능을 활용하기 쉽기 때문이다. 다만 기명 집중의 관점에서 보면 예습과 준비만으로는 부족하다. 예습과 준비를 마쳤다면 수업이나 회의 시간에 내용을 미리 떠올리며 예측해 보는 일이 중요하다.

POINT 기명 집중이란 들어온 정보를 다시 꺼내어 생각을 곱씹는 상태다.

주도적인 의사 결정이 흔들림 없는 행동을 낳는다

기명 집중을 제대로 활용하면 어떤 일에 몰두할 때 모든 집중력을 높일 수 있다. **자신과의 대화를 통해 '나는 무엇을 하려고 하며, 무엇을 위해 이 일을 하는가?'가 명확히 보이기 때문이다.**

예를 들어 업무차 프로젝트에 참여했을 때 왜 이 프로젝트에 참여하는지, 무엇을 해야 하는지, 이 일에 어떻게 이바지하면 좋을지가 애매하다면 마음이 흔들리기 쉽다. 그럴 때 필요한 것이 **목적을 명확하게 인지하는 일이다.**

- '나는 왜 이 프로젝트에 참여하려고 하는가?'
- '이 프로젝트에 어떻게 이바지하면 좋을까?'
- '프로젝트에 참여한 경험으로 무엇을 얻고 싶은가?'

'안으로, 좁게' 기명 집중을 이용해 자신과 대화를 나누면서 업무에 임하는 근본적인 이유를 찾아본다. 회사나 거래처가 프로젝트에 거는 기대, 프로젝트의 의의, 함께 일하는 상사나 동료가 나에게 바라는 점과 같은 정보를 연결 지으며 **스스로 일하는 의미를 찾는 것**이다. 그 과정에서 일어나는 자신 내면과의 갈등은 매우 훌륭한 뇌 훈련이다.

'안으로, 좁게' 기명 집중으로 내가 무엇을 중시하고, 무엇에 중요한 가치를 두는지 깊이 들여다보면 좋아하고 싫어하는 것의 본질을 만날 수 있다. 예를 들어 '프로젝트 중 A와의 작업은 즐거운데, B와의 작업은 즐겁지 않아. 그래도 B에게 C라는 배울 만한 요소가 있으니 경험 삼아 열심히 해 보자.' 이런 식으로 취사선택을 반복하여 스스로 수긍할 만한 이유를 찾게 되면 동기 부여가 되고, 프로젝트에 더욱 집중할 수 있다. 그 이유는 스스로 깊이 고민한 뒤 의사 결정을 내릴 때 뇌에서는 배외측 전전두피질DLPFC, Dorsolateral Prefrontal Cortex이라는 부위가 활성화되기 때문이다.

배외측 전전두피질은 가치 기억과 사건 기억, 감정 기억을 충분히 참고하고, 과거 경험에서 단서를 유추하여 상황을 판단한다. 이렇게 **주도적으로 내린 의사 결정은 흔들림 없는 행동을 낳는다.**

스스로 선택했다는 자각이 집중력을 높이는 밑거름이 되고, 심리적 안정에 도움을 준다. 이것이 바로 '안으로, 좁게' 기명 집중을 제대로 사용했을 때 모든 집중력이 높아지는 메커니즘이다.

POINT 기명 집중을 이용한 자신과의 대화는 집중력을 높이는 밑거름이 된다.

과거 기억과 새로운 배움의 만남

앞서 말했듯이 기명 집중에는 '밖으로, 좁게' 입문 집중으로 받아들인 정보를 기억으로 고착시키는 학습 효과가 있다. 내면으로 시선을 돌려 외부에서 들어온 정보를 과거 기억과 연관 지어 대화를 거듭하면, 자신과의 대화에 능숙해지면서 대화 내용에도 주의를 쏟게 된다. **중요한 정보를 놓고 '이럴지도 몰라.', '아니, 그렇지 않을지도 몰라.' 하며 이리저리 궁리하는 사이에 정보는 기억으로 강하게 남는다.**

예를 들어 심리학을 배우기 위해 책을 읽는다고 하자.

- 우선 '밖으로, 좁게' 입문 집중으로 페이지를 넘기면서 책에 나온 심리 법칙에 놀라고, 근거로 제시된 연구와 실험 자료에 고개를 끄덕이며 많은 정보를 받아들인다.

- 그다음에는 '밖으로, 넓게' 부감 집중을 이용해 세계 각지에서 일어나는 사건이나 뉴스를 사내 인간관계와 연관 지으며, 자연스럽게 기억으로 고착시킨다.

더 확실한 방법은 **자신의 과거 경험, 지금 안고 있는 고민, 기뻤던 기억을 책에서 읽은 심리학 정보와 연결 짓는 것이다.**

- '안으로, 좁게' 기명 집중을 활용해 "내가 사람들에게 잘 보이려다가 나 자신을 힘들게 하는 일이 많은 이유는 한번 결정한 일은 꼭 지켜야 한다고 믿는 '일관성의 법칙'이 작용했기 때문일까?" 하고 자신과의 대화를 통해 책에서 읽은 내용을 과거 기억과 연결 지어 반추해 본다. 그러면 머릿속에 들어온 정보는 자신과 깊이 관련된 정보로 처리되어 기억에 확실히 남는다.

과거 기억을 떠올려 새로운 정보와 연관 지으며 자신과 대화하는 과정을 '인출 연습Retrieval Practice'이라고 한다. 기억을 꺼내 재구성하여 기억을 강하게 고착시키는 것이다.

책을 읽으면서 중요하다고 생각되는 부분이 있다면 눈을 지그시 감아 보자. 그리고 지금 읽은 부분을 반추하며 **'안으로, 좁게' 기명 집중을 활용해 내면의 무엇이 지금 읽은 부분에 반응했는지 고찰해 보고, 기억을 떠올려 연관 지어 본다.**

그렇게 떠오른 기억은 분명 당신의 마음을 움직일 가능성이 크다. 단순히 '이런 일이 있었지.' 하고 과거의 기억을 회상하는 것만으로는 부족하다. **그 당시 어떤 감정을 느꼈는지, 뇌가 감정의 흐름까지 선명하게 재현해 내는 것이 중요하다.**

이는 실제 사실이나 체험한 일을 '사건 기억'으로만 해마에 저장할 것인지 아니면 편도체에 '감정 기억'으로도 보존할 것인지 하는 차이다. 당연히 해마뿐 아니라 편도체에도 정보를 저장하는 편이 기억을 깊이 각인시키는 데 효과적이다. 몇 분밖에 걸리지 않는 자신과의 대화로 기억을 강화하고, 책의 내용도 깊이 이해할 수 있다.

POINT 자신과 나누는 짧은 대화로 기억을 강화한다.

입문 집중을 활용한 기억력 향상법

'밖으로, 좁게' 입문 집중을 활용해 뇌에 저장한 정보를 다시 불러오는 작업을 전문 용어로 '인출retrieval'이라고 한다. 이는 기억을 꺼낸다는 뜻이다.

머릿속에 저장한 정보를 다시 꺼내면 오랫동안 기억에 남는다. 그 이유는 이때도 'Use it or Lose it' 원칙이 작용해 꾸준히 사용하는 신경 세포와 신경 회로는 중요시되고, 연결이 강화되어 효율적으로 정보를 전달할 수 있기 때문이다. 지금부터 '밖으로, 좁게' 입문 집중 능력을 키워 이러한 메커니즘을 손쉽게 활용하는 2가지 간단한 방법을 알아보자.

첫 번째는 '밖으로, 좁게' 입문 집중을 사용해 확실히 기억해 두고 싶은 정보가 있다면 눈을 감고 반추해 보는 방법이다. 교과서에 나온 중요한 단어나 인명을 기억하고 싶다면 그것을 집중해서 외운 뒤 눈을 감는다. 그런 다음 외우려는 단어나 인명을 머릿속에 떠올려 본다. 이 방법은 단어나 인명을 말로 읊조리는 것보다 효과가 크다.

두 번째는 연상하여 관련짓는 방법이다. 머릿속에 들어온 정보 A가 있다고 하자. 이 A라는 정보를 확실하게 기억하려면 A가 연상되는 B라는 정보와 연결지으면 된다.

1가지 연습을 해 보자. 한 장의 그림이나 사진을 책상 위에 올려놓고 2분간 주의를 집중해서 바라보자. 세밀하게 관찰했다면 그림이나 사진을 뒤집어 놓고 중심이 되는 소재와 그 주변에 있는 것, 가까이에 그려져 있는 것, 뒤쪽에 있는 것, 색이나 모양 등 세세한 부분을 떠올려 본다.

예를 들어 그 사진의 가운데에는 웃는 아이가 있고, 발밑에는 강아지가 재

롱을 부리고 있다. 땅에는 풀이 자라 있고, 뒤쪽에는 공원을 산책하는 사람이 몇 명 보이며, 하늘은 파랗다. 이러한 각 부분을 '아이는 당황한 듯하지만 즐거워 보여.', '강아지는 아이의 반려견일까?', '풀이 선명한 녹색인 이유는 날씨가 맑아서일까?', '뒤에서 산책하는 사람들이 반소매 차림인 걸 보니 한여름인가 봐.' 등 연상되는 정보를 보이는 소재와 연관 짓는 것이다.

연상을 거치면 '밖으로, 좁게' 입문 집중에서 '안으로, 좁게' 기명 집중으로 바뀌면서 머릿속에 들어온 정보가 효율적으로 기억에 남는다. 이는 여러 가지 정보가 엮이며 인풋과 아웃풋이 연속으로 일어나 뇌가 활성화되기 때문이다.

연습할 때는 2분 뒤에 그림이나 사진을 덮고 기억을 떠올려 본다. 세세한 부분까지 기억하는 데에는 며칠간 반복적인 연습이 필요하지만, 이 방법은 '밖으로, 좁게' 집중하여 얻은 정보와 연상한 정보를 관련짓는 뇌의 활용법을 익히는 데 효과적이다.

자신과의 대화로
'Deep Think(깊은 사고)'

현대를 살아가는 우리의 주변에는 매우 자극적인 요소가 많다. 이러한 자극적인 요소는 '밖으로, 좁게' 입문 집중을 더욱 강화시킨다. 그 대표적인 예가 스마트폰이다. 스마트폰 자체가 나쁜 것은 아니지만, 스마트폰을 과도하게 사용하다 보니 '밖으로, 좁게' 입문 집중 능력만 활용된다는 점이 안타까울 따름이다.

아침에 일어나자마자 스마트폰을 확인하는 것으로 시작해 일할 때도 공부할 때도 스마트폰에 정신을 빼앗기고, 일이 끝나면 곧장 스마트폰을 손에 쥔다. 그리고는 내면으로 시선을 돌릴 틈도 없이 잠자리에 든다.

이러한 모습이 낯설지 않다면 **일상 속에서 잠들기 전 10분, 일어난 뒤 10분을 자신과 대화하는 시간으로 만들어 보자.** 대화 주제는 일이나 인생과 관련된 큰 고민거리여도 좋고, 코앞에 닥친 프레젠테이션이나 중요한 데이트여도 상관없다. 차분히 생각하고 주제에 집중하면서 자신에게 정말 중요한 것이 무엇인지 고민해 보는 시간, 사고를 통해 사물의 본질을 꿰뚫는 기회를 마련하는 것이 중요하다.

- '그건 무슨 의미였을까?'
- '이 부분은 조금 더 깊이 생각해 보고 싶어.'

- ‘얼마 전에 떠오른 아이디어는 나에게 정말 가치 있을까?’

‘안으로, 좁게’ 기명 집중을 이용해 **주의 집중 네트워크와 디폴트 모드 네트워크를 오가며 깊이 사고하는 일은, 성공을 이루는 데에도 지속적인 만족감을 느끼는 데에도 도움을 준다.**

책상 앞이나 사무실에서 아이디어를 짜내거나, 방대한 자료와 정보를 긁어모아도 해결책이 떠오르지 않을 때는 바깥의 정보에만 사로잡혀 있을 가능성이 크다. 지그시 눈을 감고 천천히 깊게 호흡하면서 바깥의 정보뿐만 아니라 머릿속에 있는 정보를 떠올려 보자.

그러면 ‘끊임없는 반복’을 자주 경험하게 될 것이다. 문득 정신을 차리고 보니 계속해서 하나의 주제만 생각한 것이다. 그러나 안심해도 좋다. 그것이 바로 생각하는 사고이고, ‘안으로, 좁게’ 정보를 처리하고 있다는 분명한 증거다.

‘끊임없는 반복’은 가치가 있다. 끊임없이 생각을 반복하는 사람만이 새로운 발상을 얻을 수 있다. 같은 생각을 계속하는 이유는 정보가 아직 뇌에 확실히 새겨지지 않았기 때문이다. 생각을 반복하면 몇 번이고 같은 신경 회로를 사용하기 때문에 사용한 회로가 발달하고, 큰 에너지 소모 없이 정보를 처리할 수 있다. 그러면 뇌에 정보를 새기면서도 다른 일을 생각할 수 있고, 머릿속에서 새로운 정보들이 모여 영감을 일으키기도 한다.

많은 사람이 똑같은 생각만 하는 자신을 한탄하거나 영감이 부족하다고 말하지만, 그것은 아직 충분히 1가지를 반복해서 생각하지 않았을 뿐이다. 물론 질문의 난이도와 깊이에 따라 반복된 생각이 불러오는 효과는 다르다. 그러나 '안으로, 좁게' 정보를 처리하고 반복해서 생각하는 일은 새로운 발견과 발상을 위해 꼭 필요한 시간이다.

사우나가 인기를 끄는 이유는 내면을 성찰할 시간이 부족하다고 느끼는 데에서 오는 불안 때문일지도 모른다. '밖으로, 좁게' 주의를 끄는 스마트폰을 내려놓고, 맨몸으로 사우나실에 들어가 자신과 대화를 나눈다. 나도 주기적으로 나만의 시간을 보내고 있는데, 특허와 관련된 많은 아이디어를 사우나실에서 얻었다. **'안으로, 좁게' 기명 집중을 의식적으로 활용해 'Deep Think(깊은 사고)'를 하는 시간을 마련해 보자.**

POINT 현대인들은 내면에 주의를 기울이는 기명 집중을 활용할 시간이 부족하다.

기명 집중의 감각을 익히는 명상법

내면을 깊이 성찰하는 기명 집중의 감각을 익히기 위해서는 호흡법을 중심으로 하는 명상이 효과적이다. 미리 정해 둔 시간과 호흡법에 몰두하면서 주의가 흐트러지면 이를 알아차린 뒤, 자책하지 말고 다시 호흡에 의식을 둔다. 이러한 반복이 명상의 기본이다.

준비 과정은 2장에서 소개한 호흡법과 같다.

1. 편안한 자세를 취한다.
2. 눈을 완전히 감거나 반만 감는다.
3. 호흡의 리듬을 찾는다.

호흡법을 실천할 때는 다음의 3가지 사항을 주의한다.

- 의식을 호흡에 집중한다.
- 폐뿐 아니라 배에 공기를 채우듯이 숨을 들이쉰다.
- 천천히 깊게 숨을 내쉰다.

다만 여기에서는 숨을 들이쉬고 내쉬는 리듬을 명확하게 해야 한다. 호흡법을 익히는 단계에서는 숨을 천천히 깊게 내쉬는 습관을 들이는 것이 중요하지만, 그것이 가능하다는 전제하에 이번에는 시간에 중점을 두는 것이다.

'4초 들이쉬고, 4초 멈춘 뒤, 8초 내쉰다.', '5초 들이쉬고, 5초 멈춘 뒤, 10초 내쉰다.' 등 자기 나름대로 시간을 정해 숫자를 세면서 의식을 집중한다.

사람은 단조로운 행동에 약한 동물이다. "호흡에 의식을 두고, 숫자를 세면

서 집중해 주세요."라고 해도 처음부터 3분, 5분간 명상을 지속하는 일은 어렵게 느껴진다. 도중에 주의가 흐트러지거나 마인드 원더링**Mind Wandering**(멍하니 여러 가지 생각을 떠올리는 현상)이 시작되기 때문이다. 호흡으로 주의를 돌려 하나의 주제로 자신과 대화를 하는 기명 집중 상태로 들어가야 하는데, 머릿속에 잡념이 제멋대로 떠올라 집중을 유지하기 힘들다.

하지만 괜찮다. 이것은 누구나 겪는 일이다. 마인드 원더링이 시작된 것을 알아차리면 '아, 마인드 원더링이구나.' 하고 받아들인 뒤, '좋고 나쁨, 잘하고 못하고'와 같은 판단은 내려놓고 계속해서 호흡으로 주의를 돌리려고 노력해 보자. 이를 반복하면 기명 집중 상태로 들어가는 감각을 익힐 수 있다.

"믿는 자는 구원을 얻으리니."라는 유명한 성경 구절이 있듯이 잠들기 전 10분, 아침에 일어난 뒤 10분 등 명상하는 시간을 정하여 적어도 2주 동안 지속해서 실천해 보자. '아, 이 감각이구나.' 하고 깨닫는 순간이 찾아올 것이다.

작은 변화를 알아차리는 '밖으로, 넓게' 부감 집중

영화에서 다음과 같은 장면을 본 적이 있을 것이다. 경비실 한쪽 벽면에 모니터가 여러 대 걸려 있고, 화면 하나하나는 건물 내부의 이곳저곳을 비추고 있다. 영화 주인공은 침입자의 행동을 예측하면서 한쪽 벽면에 놓인 모니터에 의식을 집중한다. 그러던 중 한 화면에서 작은 변화가 포착된다. 그것은 주의를 집중하지 않으면 알아차리기 힘든 아주 작은 변화인데도 주인공은 침입자의 습격을 빠르게 알아차리고 경비실을 뛰쳐나간다. 세 번째로 소개할 **'밖으로, 넓게' 부감 집중**은 이러한 장면에서 발휘되는 집중력이다.

전체를 의식하면서 여러 가지 일을 동시에 처리할 때 '밖으로, 넓게' 부감 집중이 활성화된다. 이를 사고 네트워크에 대입해 보면 현출성 네트워크가 작동하면서 주의 집중 네트워크와 디폴트 모드 네트워크가 상호 작용을 한다고 볼 수 있다. **넓은 시야로 전체를 의식하면서 변화에 빠르게 반응하고 적절하게 대처하는 것이다.**

이렇게 들으면 매우 고도의 집중 상태인 것처럼 보일지도 모른다. 하지만 다음에 나올 예시를 보면 짐작이 갈 것이다.

나는 어린 시절 '뿌요뿌요 테트리스'라는 퍼즐 게임을 좋아해서 이 게임을 자주 하며 놀았다. 화면 위쪽에서 내려오는 캐릭터 '뿌요'를 같은 색끼리 맞추어 일정한 수가 쌓이면 사라지는 게임이다.

쌓아 올린 뿌요 블록이 사라지면 새로운 공간이 생기고, 거기에 다른 색 뿌요가 내려와 또 다른 블록이 만들어진다. 그리고 다시 만들어진 뿌요 블록이 사라지면 또 다른 블록이 생기는 식으로 블록이 연쇄적으로 사라지도록 고안한 시스템이 이 게임의 묘미다.

친구와 대결할 때 내 쪽에서 블록이 연속으로 사라지면 상대 쪽에 수많은 뿌요가 쏟아져 내려와 나의 승리로 끝이 난다. 뿌요가 떨어지는 속도가 느린 초반에는 '밖으로, 좁게' 입문 집중을 사용해 '이쪽과 이쪽에 놓자.'라고 생각할 수 있지만, 뿌요의 낙하 속도가 빨라지고 상대방의 방해가 시작되는 중반 이후에는 '이걸 이쪽에 넣어서' 하고 논리적으로 생각하는 주의 집중 네트워크로는 처리 속도를 따라가기 힘들다.

블록 쌓는 기술을 연마하려면 '아! 여기에 뿌요를 떨어뜨리면 되겠네.' 하는 디폴트 모드 네트워크의 신호를 현출성 네트워크가 감지하고, 그 순간 이미 손가락이 반응해 키를 눌러야만 속도를 따라잡을 수 있다. 이렇게 쓰면 어려워 보이지만, '뿌요뿌요' 게임뿐만 아니라 게임에 능숙한 사람이라면 현출성 네트워크를 활용하면서 주의 집중 네트워크와 디폴트 모드 네트워크를 연계해 감각적으로 플레이를 펼칠 수 있다. **'뿌요뿌요'를 할 때 '밖으로, 넓게' 부감 집중을 한번 사용하면 다음 게임에서는 손이 자연스럽게 움직인다.**

이는 자전거 타기와 비슷하다. 보조 바퀴를 뺀 자전거를 처음 탈 때는 신체 균형, 핸들 조절, 페달을 밟는 타이밍 등 동작 하나하나에 의식적으로 주의를 기울여야 하므로 주변 상황을 돌아볼 여유가 없다. **하지만 자전거를 타는 데 익숙해지면 음악을 듣거나 주변 풍경을 감상하면서도 자전거를 즐기며 탈 수 있다.** 달리던 중 갑자기 교차로에 뛰어든 아이를 발견하면 브레이크를 밟을 수도 있고, 지나가던 길모퉁이에 있는 맛있는 음식점도 발견할 수 있다. 이는 '밖으로, 넓게' 부감 집중이 작동하기 때문이다.

POINT '밖으로, 넓게' 부감 집중이 작동하면 몸이 먼저 반응한다.

사전 지식이 있어야 부감 집중이 작동한다

'밖으로, 넓게' 부감 집중은 누구나 가지고 있는 집중력이지만, 이를 제대로 활용하기 위해서는 1가지 조건이 있다. 그것은 **대상에 대해 전혀 모르거나 정보가 미흡한 상황에서는 사용하기 어렵다**는 점이다.

태어나 처음으로 한쪽 벽면이 모니터로 가득 찬 방에 들어간 사람은 방대한 정보에 압도되어 화면 하나하나에 나타나는 변화를 알아차리기 힘들다. 마찬가지로 '뿌요뿌요' 게임을 처음 해 본 사람은 규칙을 외우는 것만으로도 벅찰 테고, 자전거를 처음 타 본 사람은 주변을 살펴볼 여유가 없을 것이다.

이럴 때 도움이 되는 집중력이 '밖으로, 좁게' 입문 집중으로, 주의를 한곳에 모아 필요한 정보를 받아들여 새로운 상황에 적응하고 필요한 행동을 몸에 익힌다. **주의를 집중해 필요한 정보를 처리한 경험이 늘어나면 비로소 지식과 기억이 쌓여 디폴트 모드 네트워크가 작동하고, 현출성 네트워크가 변화를 알아차리면서 자연스럽게 몸이 움직인다.**

소수점 차이로 승부가 결정 나는 축구 선수나 농구 선수를 비롯한 프로 운동선수들은 복잡한 정보를 처리하면서 가장 정확하게 패스하고 슛을 넣는다. 그것이 가능한 이유는 **타고난 재능 때문이 아니라 수많은 연습을 거듭하며, 다양한 상황에 맞게 몸을 움직이고 가장 알맞은 판단을 내리는 법을 배웠기 때문이다.**

모든 운동 종목에서는 특정 상황과 특정 움직임에 집중하여 반복하는 훈련을 한다. 이는 날카롭게 주의를 집중해 세포 수준으로 판단 속도를 끌어올리기 위해서다. 이 또한 'Use it or Lose it' 원칙의 일환이며, 그렇게 축적된 경험과 지식이 탄탄해졌을 때 비로소 '밖으로, 넓게' 부감 집중을 활용할 수 있다. **적절한 대처 방법을 미리 준비하면 누구나 자신을 둘러싼 환경을 파악한 뒤, 필요한 순간에 전체에서부터 세세한 부분까지 주의를 집중할 수 있다.**

입문 집중을 이용해 새로운 기술을 익히거나 배움을 얻은 뒤에는 기명 집중을 사용해 의식적으로 그것을 반복하여 자기 것으로 만들어야 한다. 그리고 익숙해진 방법을 반복 연습하면 디폴트 모드 네트워크로 처리하는 감각, 자연스럽게 움직이는 감각을 얻을 수 있다.

뛰어난 장인의 솜씨, 전문적인 일, 노련미가 돋보이는 고도의 기술, 몸에 배어 무의식적으로 이루어지는 작업 등은 반복하여 습득한 기술들이 모여 부감 집중 상태에서 능력을 발휘한 것이다.

'뿌요뿌요'뿐만 아니라 의식적으로 무언가를 처리하는 데에는 속도에 한계가 있다. **성실한 사람일수록 의식에 의존하는 경향이 있다.** 의식에만 의존하지 말고 특정 훈련을 반복한 뒤 무의식화하여 뇌의 처리 속도를 높여야 한다. 그것이 당신의 감추어진 능력을 드러내 줄 것이다. 그리고 이처럼 무의식이 일하는 상태가 바로 부감 집중 상태다.

POINT 1가지 분야에 경험이 쌓이면 부감 집중을 활용하기 쉽다.

뇌의 알아차림이 중요하다

이해하기 쉽도록 게임과 스포츠, 자전거 타기를 예로 들었지만, 부감 집중은 공부나 업무에도 도움이 된다. 서점에서 책을 볼 때 한 글자, 한 구절씩 집중해서 읽는 사람은 없을 것이다. 특히 실용서나 비즈니스 서적이라면 책장을 휙휙 넘기면서 도움이 될 만한 책인지 아닌지를 판단한다. 이것은 일종의 속독인데, 머릿속에 있는 정보를 어렴풋이 떠올리며, 눈앞에 놓인 책을 훑어보기 때문에 가능한 일이다. **기명 집중과 부감 집중을 오가며 현출성 네트워크를 작동시켜, 읽고 있는 책이 도움이 될지 대강 판단하는 것이다.**

나의 취미는 신경 과학 논문을 읽는 것이다. 한 글자, 한 구절씩 집중해서 읽으면 두 시간은 족히 걸릴 논문을 대충 훑어보면서 관심 가는 내용만 선택해서 읽는다. 이렇게 하면 보다 많은 논문을 확인할 수 있기 때문이다.

이때 많은 정보를 머릿속에 넣겠다는 마음가짐으로 책장을 휙휙 넘기며 논문을 훑어보면 '밖으로, 넓게' 부감 집중을 갈고닦을 수 있다. **바탕 지식과 경험이 있다면 흥미로운 내용이 나왔을 때, 현출성 네트워크가 작동하여 '아!' 하는 반응과 함께 그 사실을 알려 준다.**

'밖으로, 넓게' 부감 집중은 모든 페이지에 주의 집중 네트워크를 사용하는 것보다 훨씬 더 효율적이다. 내가 흥미를 느낄 만한 키워드를 뇌가 선별해 주기 때문이다.

예컨대 **업무에 필요한 방대한 자료를 정리해야 할 때나 출제 범위가 넓은 시험을 준비해야 할 때, 부감 집중을 사용하면 능률을 크게 높일 수 있다.** 이는 현출성 네트워크가 '아!' 하고 알아차릴 수 있을 만큼 '밖으로, 좁게' 입문 집중과 '안으로, 좁게' 기명 집중으로 정보를 기억해 두었기 때문에 효과가 나타나는 것이다. 거듭 말하지만, 모르는 분야나 경험이 없는 일에는 제대로 활용하기 어렵다. 아르바이트하던 학생 시절의 나라면 신경 과학 논문을 아무리 뒤져보아도 '아!' 하고 손이 멈추기는커

녕, 의미를 이해할 수 없어 당혹스럽기만 했을 것이다.

반면 **자신이 정통한 분야나 익숙한 업무에 '밖으로, 좁게' 입문 집중을 사용하면 열심히 몰입했다는 만족감을 느끼기 쉽다.** 이는 드라마 재방송을 보면서 '아, 이런 내용이었구나.' 하고 확인한 뒤 후련해하듯이 책상에 앉아 있는 시간을 공부한 시간이라고 착각하는 것과 같다.

성실한 사람일수록 '밖으로, 좁게' 입문 집중으로 열심히 몰입하고 복잡한 정보를 이해하려 한다. 하지만 그것은 **손실이 큰 집중법이고, 어느 순간 능력이 정체되는 원인이기도 하다.**

무언가를 기억해 내고 싶은데 도무지 떠오르지 않을 때가 있다. 이때는 그것에 의식을 집중하지 말고, 그 생각에서 잠시 벗어나 보자. 시야를 넓혀 주변으로 관심을 돌려 보는 것이다. 그러면 뇌에서는 기억을 떠올리려는 의지가 남아, 넓어진 시야를 통해 들어온 정보와 기억이 연결되어 불쑥 답이 떠오르기도 한다.

자신이 정통한 분야나 익숙한 업무에서는 부감 집중을 이용해 가볍게 훑어보듯 조금은 불성실한 태도가 정보 처리 효율을 높인다. **입문 집중, 기명 집중으로 학습을 마친 뒤에는 일단 의식을 자유롭게 풀어 주고 '밖으로, 넓게' 부감 집중을 이용해 정보를 파악해 보자.** 그러한 방법이 집중력의 폭을 넓히고 새로운 알아차림과 발견을 가져다준다.

생각나는 대로 의견을 자유롭게 제시하는 브레인스토밍 등을 이용해 부감 집중의 원리를 의식적으로 활용해 보는 것도 좋다. 브레인스토밍을 할 때는 큰 화이트보드에 메모지를 덕지덕지 붙여가며 다양한 아이디어를 서로 나눈다. 이러한 방식이야말로 넓은 시야에 많은 정보를 나열해 놓고 부감 집중을 사용하는 방법이다.

메모지에 아이디어를 적는 데에는 입문 집중과 기명 집중이 도움이 된다. 생각을 적으면 그 정보는 뇌에 깊이 각인된다. **아이디어를 적은 메모지를 큰 테이블이나 화이트보드에 나열하면 이제부터 부감 집중이 등장할 차례다.**

글로 적고 나열해 놓은 정보는 미시적인 관점이 아니라 거시적인 관점에서 바라볼 필요가 있다. 여기에서 핵심은 메모지 하나하나에 너무 몰입하지 않는 것이다. 각각의 메모지를 보고는 있지만, 어디까지나 전체를 조망하듯 바라보아야 한다. 말하자면 메모지 하나하나에 쓰인 정보에 빠질 듯 말 듯 응시하는 느낌이다.

그러면 **'어!', '혹시', '아!' 하는 감각, 현출성 네트워크의 알람이 커지는 순간이 있다.** '이거랑 이건 뭔가 비슷한데.' 하고 어렴풋이 공통점이 보이거나, '이거랑 이건 관련이 있을지 몰라.' 하고 왠지 모를 연관성을 느끼기도 한다. 이러한 뇌의 반응은 명확한 언어로 '이러한 공통점이 있다.', '이러한 연관성이 있다.'라고 알려주지 않는다. 언어가 아닌 감각으로 느끼는 것이다.

현출성 네트워크의 알람에 귀를 기울이고 아이디어가 떠오를 가능성에 주목해 보자. 그리고 부감 집중으로 알아차린 내면의 감각이 무엇인지 기명 집중을 사용해 스스로 질문하고 기억으로 남겨 두자.

탐구에 앞서 '아' 하는 알아차림이 새로운 공통점과 법칙, 연관성을 발견

하게 도와줄지도 모른다. 이 비언어적인 감각 신호를 소중히 여기고, 언어화하고 부호화하는 과정에서 새로운 세계가 보인다.

POINT 입문 집중, 기명 집중으로 지식을 쌓고 부감 집중으로 영감을 얻는다.

공상을 펼치는 '안으로, 넓게' 자재 집중

네 번째 집중력인 **'안으로, 넓게' 자재 집중**은 멍하니 이리저리 생각을 굴리는 상태다. 흔히 말하는 집중력인 입문 집중 혹은 기명 집중을 활용해 **진지하게 공부하는 모습과 비교하면 전혀 집중하지 않는 듯 보인다.**

예컨대 회의 중에 무심코 창밖을 내다보니 장마철 하늘을 드리운 구름 사이로 태양이 얼굴을 내밀고는 햇볕을 내리쪼이고 있다. 그 광경을 보며 '아, 곧 여름이구나. 여름휴가는 어디로 갈까? 작년에는 고원에 가서 피서를 즐겼는데 올해는 반대로 한여름 무더위를 느낄 수 있는 남쪽 섬으로 떠나볼까? 해양 스포츠도 재밌을 것 같고, 해변에서 여유를 즐겨도 좋을 것 같아….' 하고 딴생각을 하면서 공상을 펼친다.

이때쯤이면 이미 의식은 회의실을 벗어났고, 회의 내용은 한 귀로 들어와 한 귀로 흘러나가 버려 더는 회의에 참여할 수 없다. 회의를 주도하는 상사가 보면 불성실하다고 비난할지도 모른다. **하지만 공상을**

펼치는 뇌는 '안으로, 넓게' 자재 집중 상태로 들어가 회의 중이라는 사실을 까맣게 잊을 만큼 높은 집중력을 발휘한 것이다.

이러한 상태가 앞서 말한 마인드 원더링이다. 원더링은 '헤매는' 또는 '방랑하는'이라는 뜻으로, 몰두하고 있는 과제나 외부에서 일어난 사건으로부터 주의를 거두어, 자기 내부에 의식을 둔 채 이리저리 생각을 떠올리는 상태다. 이때 뇌는 디폴트 모드 네트워크를 이용해 의도적으로 무언가를 상상하는 것이 아니라 떠오르는 생각을 이리저리 따라가며 계속해서 공상을 이어 간다.

이처럼 **뇌가 의식을 벗어나 자유자재로, 떠오르는 대로 정보를 전개해 나가는 상태**가 바로 자재 집중이다. 그러한 자재 집중은 뇌에 잠들어 있는 정보를 다양한 각도에서 통합적으로 처리하여 영감이 떠오르도록 돕는다.

'자재'는 불교 용어로도 쓰이고 있다. 불교 용어로서의 자재는 마음이 번뇌의 속박에서 풀려나 자유를 누리고, 무엇이든 생각한 대로 이루어내는 능력을 가리키며, 부처와 보살은 이러한 능력을 갖추었다고 한다. 이 책에서는 번뇌의 속박이라는 뜻보다 지식만을 추구하는 주의 집중 네트워크라는 속박에서 벗어나, 뇌의 타고난 정보 처리 능력을 활용한다는 의미에서 자재 집중이라고 이름 지었다.

겉으로 보이는 높은 집중 상태나 성과가 요구되는 상황에서 마인드 원더링을 하면 '멍한 사람', '이야기를 듣지 않는 사람', '진지하지 못한 사람'이라는 평가를 받을지도 모른다. 실제로 학교 수업 시간에 '안으로, 넓게' 자재 집중을 자주 하는 학생은 성적이 떨어질 수밖에 없다. 하지만 이를 **4가지 집중력 중 하나로 여긴다면 마인드 원더링은 매우 중요한 역할을 해낼 것이다.**

POINT 자재 집중은 내면으로부터 떠오른 생각에 주의를 집중하는 상태다.

뇌에 사는 두 명의 내가 만나 아이디어를 만든다

인간은 원래 단조로운 행동에 쉽게 질리는 동물이다. 때문에 "5분간 호흡에 의식을 집중하세요."라고 말해도 길게 집중하기 힘들다. 나도 그랬지만 1분, 2분 정도 호흡 명상을 하다 보면 호흡은 까맣게 잊어버리고 '이따가 뭘 할까?', '내일 일정은 뭐였지?', '얼마 전에 본 영화에 나오는 배우 이름이 뭐였더라?' 등 무의식중에 여러 가지 일들을 떠올리며 자문자답을 시작한다. 마치 뇌의 신경 세포 하나하나가 제멋대로 수다를 떠는 듯하다.

그렇다면 언뜻 보기에 주의가 산만해 보이는 마인드 원더링은 쓸모없는 것일까? 물론 그렇지 않다. **'안으로, 넓게' 자재 집중은 특정한 곳에 주의를 집중해 일정한 틀 안에서 생각을 억제하는 상태와 달리 자유롭게 창의성을 발휘하는 상태다.**

주의 집중 네트워크를 중심으로 의식적인 사고를 하는 나와 디폴트 모드 네트워크 중심으로 무의식적인 사고를 하는 내가 있다. 1장에서 다루었던 **뇌에 사는 '두 명의 나'가 마인드 원더링으로 만나면 번뜩이는 아이디어가 탄생할 가능성이 크다.**

그러나 마인드 원더링으로 공상하고, 사고하고, 느끼는 것은 대부분 시시한 일이다. 최근에 기뻤던 일, 괴로운 일, 다가올 일정이나 미래에 대한 기대, 불안과 같은 감정은 떠올랐다가 사라지는데, 이는 디폴트 모드 네트워크가 해마 등의 기억 중추와 연결되어 있어서 과거 기억이나 미래 예측에 영향을 받기 때문이다. 그대로 내버려 두면 영감과 같은 발상은 떠오르지 않는다. **영감을 불러일으키는 자재 집중을 제대로 활용하기 위해서는 이 무의식적인 집중을 의식적으로 사용하는 방법을 알아야 한다.**

먼저 사고와 발상이 필요한 대상을 정해 입문 집중으로 깊게 파고들어야 한다. 뿐만 아니라 기명 집중으로 생각을 반복해 집중하는 대상을 기억에 강하게 남겨야 한다. 그러면 기억 드리븐인 디폴트 모드 네트워크가 집중한 대상에 작용한다.

그만큼 깊이 생각했는데도 영감이나 좋은 아이디어, 해결책이 떠오르지 않는다면 대상으로부터 주의를 거두는 용기를 내야 한다. 자세히 말하면 **기분 전환 삼아 단조로운 작업에 열중하는 것**이다. 산책하거나 샤워를 해도 좋다. 설거지나 사우나도 도움이 되고, 명상도 효과가 있다. 아무튼, 그리 어렵지 않게 기분을 바꾸어 주는 일을 해 보자.

그때는 **단조로운 일도 한가롭게 즐기게 된다. 깊이 고민하고 몰두해도 아이디어가 떠오르지 않을 때, 뇌는 디폴트 모드 네트워크를 이용해 무의식적으로 생각하기 시작한다.** '도무지 아이디어가 떠오르지 않아서 기분 전환 겸 샤워를 하던 중 좋은 생각이 떠올랐다.', '낮잠을 자려고 비몽사몽 하던 순간 아이디어가 떠올랐다.'라는 이야기를 들어본 적 있을 것이다.

항상 진지한 태도로 무언가에 '좁게' 몰두하고 사고하는 사람일수록 어깨에 힘을 빼고, 열중하는 대상에서 벗어나야 한다. 그러면 자재 집중이 활약을 펼치고, 새로운 발상이 떠오를 확률도 높아진다.

POINT 마인드 원더링으로 떠오른 생각에는 번뜩이는 아이디어가 숨어 있다.

자재 집중 상태일 때 떠오른 말을 기록한다

마인드 원더링을 할 때, 떠오르고 사라진 생각들을 꿈 일기를 적듯이 기록해 보자. 물론 모든 것을 기록할 필요는 없다. 멍하게 시간을 보낸 뒤에 '이런 생각이 들었다.', '이런 장면이 떠올랐다.' 하고 인상적이었던 생각을 항목별로 적는 것만으로도 충분하다.

목적은 무의식인 디폴트 모드 네트워크의 작용에 따라 떠오른 생각을 의식하는 것이다. 멍하니 흘려보낸 시간 속에서 잠시 정신을 차리고, 마인드 원더링을 하는 자신을 알아차려 보자. 그러면 '안으로, 넓게' 자재 집중이 어떤 상태인지 자각할 수 있다. 또 떠오르고 사라진 생각을 기록하는 일은 내면에서 떠오르는 감각을 인지하도록 돕는다.

이 과정을 몇 번이고 반복하면 마인드 원더링을 하는 동안 떠오르는 생각 대부분이 부정적인 기억이나 부정적인 감정과 관련 있다는 사실을 깨달을 것이다. 이는 1장에서 다룬 '부정성 편향'의 작용 때문이다. 아무래도 곧 다가올 미래나 과거에 인상적이었던 일, 그중에서도 괴롭거나 불안한 일을 떠올릴 때가 많다.

'왜 내가 그런 말을 들어야 하는 거야?'

'왜 그런 말을 했을까?'

'그때 저지른 실수가 부끄러워.'

이렇게 메모를 남겼다면, 다음에 마인드 원더링을 할 때는 일부러 긍정적인 질문을 던져 보자.

'여름휴가는 어디로 갈까?'

'오늘 밤에는 나에게 맛있는 저녁을 선물하자. 무엇을 먹으면 좋을까?'

'우리 아이들은 지금 무엇을 하고 있을까?'

그러면 긍정적인 방향으로 연쇄 작용이 일어나 떠오르는 생각도 긍정적으로 바뀐다. 이렇게 의식적으로 무의식에 영향을 주는 법을 익히면, 특정 주제에 관한 아이디어를 떠올리거나 창조성을 발휘하는 데에도 '안으로, 넓게' 자재 집중을 사용할 수 있다. 그다음에는 필요한 주제를 정해서 마인드 원더링을 하기까지 입문 집중과 기명 집중, 주의 집중 네트워크로 생각한 내용을 디폴트 모드 네트워크의 힘을 빌려 다른 각도에서 비추어 볼 수 있다.

여기에서는 입문 집중, 기명 집중을 사용해 얼마나 많이 배우고, 관련 주제를 깊이 탐구했는지가 중요하다. 생각하고 또 생각해도 도무지 아이디어가 떠오르지 않을 때까지 집중하면 뇌에는 그 기억이 강하게 남는다. 그러고 나서 머릿속을 비우고 멍하게 마인드 원더링을 하면 '안으로, 넓게' 자재 집중이 활성화되어 창조적인 힌트나 새로운 발상이 떠오를 것이다.

예술과 자연을 만끽하며 부감 집중과 자재 집중을 키우자

그림 작품을 감상하며 "어디를 보고 있나요?" 하고 물었을 때, "이 부분에 집중하고 있었어요."라고 대답하는 사람은 대부분 그림을 연구하거나 배우는 사람일 것이다. 나는 아무 생각 없이 전체를 바라보고 느끼면서 그림 전체가 풍기는 분위기나 떠오르는 감정, 작가는 어떤 인물인지, 어떤 생각을 담아 그림을 그렸는지를 생각하며 그림을 즐긴다. 그런 생각을 하다 보면 어느새 과거의 기억이 밀려와 감성적으로 변하거나 가슴이 뭉클해진다.

이렇게 전체를 바라보며 느끼는 감각이 '밖으로, 넓게' 부감 집중 인식법이다. 이때 자유롭게 기억을 떠올리거나, 의미를 생각는 것 혹은 상상의 나래를 펼치는 과정이 자재 집중이다.

같은 그림을 보아도 감정과 컨디션에 따라 그때그때 다르게 느껴지듯이 우리의 감성도 매번 같지 않다. 그래서 어떤 때는 용기를 북돋아 주던 그림이 어떤 때는 불쾌하게 느껴지기도 한다. 그러나 이러한 변화를 즐길 줄 아는 능력이 현재 개발된 인공 지능(AI)과 인간의 큰 차이다.

앞으로 AI는 연구와 발전을 거듭해 체스나 장기, 바둑에서 장인을 이긴 것처럼 '밖으로, 좁게' 입문 집중과 '안으로, 좁게' 기명 집중의 패턴을 학습하면 인간이 대적할 수 없는 능력을 발휘할 것이다. 단순한 정보 처리, 효율적인 계산, 정확한 암기는 AI의 특화된 분야이고, 흐트러지지 않는 '밖으로, 좁게' 집중력은 인간이 따라갈 수 없는 수준에 도달했다. 그러나 무언가를 멍하니 바라보며 느끼거나 변화하는 감성에 따라 영감을 떠올리는 일은 AI가 할 수 없는 일이

고, AI에게 요구되는 역할이 아니다.

앞으로 비즈니스에서 AI와 대결해야 할 날이 찾아올 것이다. 이때 '밖으로, 넓게' 부감 집중과 '안으로, 넓게' 자재 집중을 현명하게 사용한다면 분명 AI를 이길 수 있다.

또한 예술뿐만 아니라 자연을 감상할 때도 '밖으로, 넓게', '안으로, 넓게' 집중하는 감각을 키울 수 있다. 계절에 따라 꽃을 피우는 매화나무, 벚나무, 복숭아나무, 금목서와 같은 나무들을 비롯해 기온의 변화, 상쾌한 산들바람, 한여름 무더위, 건조한 겨울바람, 빗소리, 새소리 등 말하자면 끝이 없을 정도로 자연은 가까이에 있다. 그리고 우리의 삶의 방식도 계절에 따라 변한다.

이러한 일상, 언뜻 보기에 늘 변함없는 것들을 볼 줄 아는 힘, 당연한 것을 당연하지 않게 보고 같은 것을 다르게 보는 힘, 이러한 것들이 풍부한 감성이

자 전체와 일부를 모두 감지하는 넓은 시야이며, 깊은 부감 집중 상태다. 풍부한 감성의 소유자는 모두가 당연한 일이라고 치부하는 것에서도 무언가를 느끼고 탐구하고 발견해 낸다.

따라서 부감 집중과 자재 집중을 키우는 씨앗은 일상과 자연 속에 풍족하게 숨어 있다. 매일 공원을 산책하는 것만으로도 '밖으로, 넓게' 사물을 파악하는 감각을 단련할 수 있다. 매일 반복되는 일상 속에서 다름을 발견하며, '안으로, 넓게' 즐거움을 만끽해 보자.

매일 같은 시간에 마시는 같은 차도 마찬가지다. 늘 마시는 차 한 잔도, 그 차 한 잔을 마시는 공간도 절대 같지 않다. 같은 공간에서 차 한 잔을 마시며 느끼는 매일의 변화, 자유롭게 떠오르는 생각을 음미하는 시간도 분명 부감 집중과 자재 집중을 키워 준다.

4장

최고의 집중력을 만드는 에너지 시스템

'에너지 시스템'을 활성화하는 동기인

예전에 UCLA 캠퍼스를 둘러보러 갔을 때 진심으로 가슴이 설레었다. UCLA 캠퍼스에서 공부하고 싶다는 열망이 샘솟았고, 뇌 신경 과학 연구의 최전선은 어떨지 관심이 부쩍 커졌다.

짧은 체류 기간이 끝나고 일본으로 돌아와 '어떻게든 UCLA에 들어갈 방법이 없을까?' 하고 고민하던 무렵부터 그 꿈이 이루어지기까지 내가 매일 반복하던 습관이 있다. 그것은 바로 **이미지 트레이닝**이었다. UCLA의 멋진 캠퍼스에서 뇌 신경 과학을 배우고 연구하는 내 모습을 구체적으로 상상했고, 대학 입시를 준비하며 공부하던 시절에도 밤에 자기 전에 침대에 들어가 이미지 트레이닝을 했다.

지금 돌이켜 보면 입가에 미소를 지으며 상상의 나래를 펼치던 시간이 집중력을 한껏 높여 주었다. 그 이유는 의식적이든 무의식적이든 **내가 원하는 이상향을 몇 번이고 머릿속에 그리면 뇌는 마치 그것이 실현된 듯한 감각을 느끼기 때문이다.** 이에 'UCLA에서 공부하는 나'라는 이상향을 향해 나아갈 때마다 집중하기가 쉬워졌다.

당시에는 그러한 원리를 알지 못했던 내가 이미지 트레이닝을 꾸준히 했던 이유는 1장에서 소개한 세론 Q. 듀몬의 『집중력의 힘』에 나오는 '반복하는 생각의 중요성'이 인상 깊었기 때문이다. '나는 앞으로 이렇게 되고 싶어.' 하고 잠시 생각하는 사람은 많지만, 목표를 매일 떠올리고 마음에 새기는 사람은 드물다. 그러나 **꾸준히 목표를 떠올리며 필요한 정보를 생각하고, 목표가 이루어진 모습을 반복해서 상상하면 기억에 각인되어 행동으로 옮기기 쉽다.**

하지만 그 이면에는 불안도 있었으므로 그저 설레지만은 않았다. 일본 의대 입학시험에서 모두 불합격한 내가 UCLA에 들어갈 수 있을지, 주변 친구들은 취직해서 안정된 생활을 하는데 나는 꿈만 좇고 있는 것은 아닌지, 언제까지 부모님께 손을 벌려야 할지, 지금의 영어 실력으로 유학을 할 수 있을지, 무엇을 공부하고 어떻게 해야 기회를 잡을 수 있을지 하는 고민이 많았다.

당연히 현실적인 내가 들뜬 나에게 딴지를 거는 상황이 무수히 많았다. 그러나 신기하게도 불안과 초조가 나를 격려라도 해 주듯 집중력을 높여 주었고, 불안이 점점 커질수록 마음속으로 그리던 꿈이 더욱 강하게 나를 북돋아 앞으로 나아가게 만들었다.

스트레스나 부담감이 커질수록 매일 상상하던 광경이 머릿속에 떠올랐고, 스스로 자신을 다독이듯 힘이 불끈 솟았다. 가슴 뛰기도 하고 불안하기도 했다. 원하는 꿈을 이루기 위해 힘을 내다가도 삐걱거렸고, 다시 또 꿈을 꾸었다. UCLA에 편입하기까지 나는 그러한 오르내림을 거듭 경험했다.

그러한 마음의 변화는 지금도 마찬가지다. 나는 일본의 교육을 호기심을 중시하는 교육으로 디자인하여 바꾸고 싶은 꿈이 있다. 이를 위해서는 교원 자격증의 취득 과정과 교육 내용, 학교의 역할도 완전히 탈바꿈해야 한다. 학년도 교과서도 필요 없다. 아이가 선생님이 되어 가르칠 수도 있고, 자기 방에서 공부하고 싶을 때는 집에서 공부해도 좋다. 학교도 한 학교만 다니는 것이 아니라 전국, 전 세계를 돌아다니며 배울 수도 있다. 내가 이러한 꿈을 이야기하면 비웃음을 사거나 실제로 가능하다는 확증은 있는지, 전례는 있는지 추궁 당하곤 한다.

2021년 지금, 회사를 세운 지 7년째이지만 아직 내가 꿈꾸는 배움터를 실현하지는 못했다. 하지만 아내와 딸은 그 꿈에 한 발짝 다가서고 있고, 대학생들과 함께 호기심 드리븐 배움터를 실현하는 등 수년간 그려 온 꿈을 이루기 위해 꾸준히 행동하고 있다. 따라서 꿈은 틀림없이 이루어지리라 믿는다. 지금은 같은 꿈을 꾸는 동료와 파트너 단체, 기업 등도 증가하고 있다. 오랜 시간이 걸릴지도 모르지만, 그래도 착실하게 앞으로 한 걸음 한 걸음 나아가고 있다.

가슴 설레다가도 갑자기 풀이 꺾여 불안해지고, 그러다가 다시 꿈을 꾸는 일이 왠지 피곤한 삶으로 보일지 모른다. 하지만 **집중력 면에서 뇌의 작용을 살펴보면 이러한 오르내림은 큰 의미가 있다.**

뇌 신경 과학의 관점으로 보면 나는 우연히 **'집중력의 에너지 시스템'**의 도움을 받았고, 그 덕분에 지금의 내가 있다고 믿는다. 지금부터 그 메커니즘에 대해 알아보도록 하자.

POINT '에너지 시스템'이란 집중력을 높이는 메커니즘을 말한다.

집중력에 영향을 미치는 3가지 신경 전달 물질

이 장에서는 '집중력의 에너지 시스템'을 살펴보고, 다음의 2가지 메커니즘을 알아본다.

- **집중력이 높아질 때 뇌에서는 어떤 변화가 일어나는가?**
- **집중력은 어떤 행동을 할 때 높아지는가?**

다음에 나오는 3가지 신경 전달 물질은 집중력을 높이는 중요한 열쇠다. 여기서 신경 전달 물질이란 뇌에서 합성하는 화학 물질을 말한다. 낯선 단어일지도 모르지만, '입문 집중'과 '기명 집중'을 활용해 집중력과 관련 깊은 3가지 신경 전달 물질의 이름과 작용을 기억해 두자.

1 도파민

2 베타 엔도르핀

3 노르아드레날린

이 중에서 집중력을 높이는 에너지원은 도파민과 노르아드레날린이며, 베타 엔도르핀은 도파민이 분비되기 쉽도록 돕는 역할을 한다. 정리해 보면 다음과 같다.

- **도파민 + 베타 엔도르핀**

집중력과 관련 깊은 3가지 신경 전달 물질

1

도파민

가슴 설레고 즐거울 때 분비되며, 집중력을 높인다.

2

베타 엔도르핀

뇌에서 도파민이 쉽게 분비되도록 도와주고, 균형 잡힌 집중 상태를 유지한다.

3

노르아드레날린

긴장할 때 분비되며, 집중력을 일시적으로 높인다.

● 노르아드레날린

지금부터 자세히 설명하겠지만, 신경 전달 물질과 집중력의 관계는 대략 다음의 2가지 내용으로 파악해 두면 쉽다.

첫 번째, 도파민은 즐겁고 설레는 감정과 함께 분비되며 집중력을 높인다. 도파민은 의도한 곳에 주의를 집중하고 행동할 때 분비되며, 더욱 깊은 집중 상태를 유지하도록 돕는다. 2장에서 다룬 '열정적인 뇌'는 하고 싶은 일에 주의를 집중하고, 호기심이 왕성하여 열정이 샘솟는 상태다. 다만 도파민을 에너지원으로 삼는 집중력은 대부분 오래 유지되지 않는다.

여기에서 베타 엔도르핀이 중요하다. **베타 엔도르핀의 힘을 빌리면 호기심 넘치고 열정적인 집중 상태를 오래 유지할 수 있기 때문이다.** 내가 UCLA 캠퍼스에 들어가는 목표를 세우고 이미지 트레이닝을 반복했을 때나 호기심 드리븐 배움터를 꿈꾸며 그 꿈을 이야기했을 때처럼 가슴 설레는 행동은 뇌 속 도파민의 분비를 촉진하고 베타 엔도르핀을 유도한다.

두 번째, 노르아드레날린은 긴장할 때 분비되며, 집중력을 일시적으로 높인다. 업무 관련 납기나 마감일이 다가올 때, 몸은 피곤하지만 코앞에 닥친 일을 해결해야 할 때 등 **노르아드레날린은 심한 스트레스를 극복하거나 피하기 위해 분비되며, 이는 행동을 일으키는 에너지원이기도 하다.**

노르아드레날린도 하나의 대상에 집중하는 '열정적인 뇌'에 꼭 필요한 신경 전달 물질이며 고난과 역경을 뛰어넘는 힘이다. 다만 **지속력이 약하다는 단점이 있다.**

'정말 UCLA에 들어갈 수 있을까?', '호기심 드리븐 배움터를 세울 수 있을까?'와 같은 불안이 엄습할 때 뇌에서는 노르아드레날린이 다량 분비된다. 이러한 불안과 초조, 사명감은 행동력을 일시적으로 높인다. 그러나 노르아드레날린에만 의존한다면 틀림없이 도중에 좌절하게 될 것이다. 노르아드레날린이 발산하는 에너지만으로는 장기적인 목표를 달성하기 어렵기 때문이다.

POINT 뇌에서 분비되는 3가지 신경 전달 물질은 집중력과 관련이 깊다.

도파민 선행형인가, 노르아드레날린 선행형인가

우리가 어떤 행동을 할 때 보통 도파민이나 노르아드레날린이 작용한다. 중요한 것은 도파민과 노르아드레날린의 균형으로, 이 두 물질의 균형이 능률에 큰 영향을 미친다.*9 집중력에 초점을 맞추어 도파민과 노르아드레날린의 조합을 살펴보면 총 4가지로 분류할 수 있다.

1 도파민과 노르아드레날린의 분비량이 모두 적다.

→ 소량의 도파민과 소량의 노르아드레날린이 분비될 때는 강한 욕망도 없지만, 큰 스트레스도 없다. 디폴트 모드 네트워크로 늘 정해진 패턴에 따라 일할 때, 매너리즘에 빠져 있는데도 불쾌함을 느끼지 못할 때 등 일상을 돌아보면 의외로 보람을 찾지 못하는 시간이 많다. 이는 타성에 젖어 무언가를 하는 상태로, 도파민과 노르아드레날린의 효과를 충분히 누리지 못하고 높은 집중력을 발휘하기 힘들다.

2 노르아드레날린의 분비량이 많고, 도파민의 분비량은 적다.

→ 노르아드레날린의 분비량이 많으면 코르티솔이라는 스트레스 호르몬도 함께 분비된다. 심한 스트레스나 부담을 느끼면 그 상황에서 벗어나기 위해 또는 맞서기 위해 노르아드레날린이 행동을 부추긴다.

'노르아드레날린 선행형' 집중은 집중력을 일시적으로 높여 주지만, 스트레스 상황을 되도록 피하려고 고군분투할 뿐이므로 집중력을 오래 유지하기 어렵다.

3 도파민의 분비량이 많고, 노르아드레날린의 분비량은 적다.

→ 관심과 흥미를 느끼고 호기심으로 충만할 때 도파민의 분비량이 늘어나 높은 집중력을 발휘한다. 새로운 배움이나 도전을 즐길 때가 '도파민 선행형' 집중 상태다. 또 만화나 게임, 영화, 스포츠

등 좋아하는 취미에 몰두할 때도 도파민이 집중을 돕는 에너지원으로 작용하며, 동시에 베타 엔도르핀의 분비가 촉진되어 집중력이 오래 유지된다.

다만 **새로운 배움이나 도전에는 반드시 위기가 찾아온다. 그러한 벽에 부딪혔을 때 도파민 선행형 집중은 흐트러지기 쉽다. 처음에는 흥미롭게 시작했던 일이 어느새 노르아드레날린 선행형 집중으로 변하기도 하고, 스트레스를 느끼기도 한다.** 그럴 때 의도적으로 베타 엔도르핀의 효과를 잘 활용하면 다음에 나올 네 번째 상태로 들어설 수 있다.

4 도파민과 노르아드레날린이 모두 적당히 분비되고, 베타 엔도르핀도 효과적으로 작용한다.

→ 도파민과 노르아드레날린의 분비량이 균형을 이루고 베타 엔도르핀도 효과적으로 작용하여 높은 집중력을 발휘하고 유지하는데 가장 이상적인 상태다. 아무리 호기심이 충만해도 성인이 된 뒤 새로운 것을 배우려고 하면 신경을 연결하기 위해 많은 에너지가 필요하므로 답답함과 스트레스를 느낀다. 그러면 노르아드레날린이 분비되고, 그것이 지나치면 집중력이 떨어지기 쉽다.

하지만 행동을 시작한 동기가 호기심이나 강한 욕망, 간절한 꿈이어서 두근거림과 즐거움으로 뇌를 활성화할 수만 있다면 집중력을 끌어올릴 수 있다. 가슴 설렘은 도파민을 촉진해 노르아드

신경 전달 물질의 4가지 분류

1

도파민과 노르아드레날린의 분비량이 모두 적다.

2

노르아드레날린의 분비량이 많고, 도파민의 분비량은 적다.

3

도파민의 분비량이 많고, 노르아드레날린의 분비량은 적다.

4

도파민과 노르아드레날린이 모두 적당히 분비되고, 베타 엔도르핀도 효과적으로 작용한다.

레날린과는 다른 형태로 집중력을 높이기 때문에 이 2가지 신경 전달 물질의 상호 작용이 불러오는 효과를 기대할 수 있다.

반면 즐거울 때는 그 상황 자체를 즐기기 때문에 베타 엔도르핀이 효과적으로 작용한다. 베타 엔도르핀은 도파민이 분비되기 쉽도록 도울 뿐 아니라 스트레스도 완화시킨다. 따라서 커다란 꿈이나 장기적인 목표를 이루기 위해 집중력을 높이고 유지하는 데 빼놓을 수 없는 호르몬이 바로 베타 엔도르핀이다.

POINT 도파민과 노르아드레날린의 균형이 중요하다.

'열정적인 뇌'를 만드는 도파민

집중력의 에너지원은 신경 전달 물질인 '도파민', '베타 엔도르핀', '노르아드레날린'이다. 지금까지 이 3가지 신경 전달 물질의 작용과 연관성을 설명했다.

도파민은 즐거울 때, 노르아드레날린은 긴장할 때 분비되어 집중력을 높이고, 베타 엔도르핀은 들뜬 마음으로 '힘내라, 힘내라' 하고 도파민을 응원하는 모습을 연상하면 이해하기가 쉽다. 지금부터는 **'도파민'**에 대해 더욱 자세히 알아보고, 도파민의 분비를 촉진하는 방법을 살펴보겠다.

3가지 신경 전달 물질의 작용과 집중력의 관계를 이해하고 나서 UCLA에 들어가기 전의 내 모습을 돌아보니 의도치 않게 '열정적인 뇌 = 깊은 집중 상태'를 만들었다는 사실을 깨달았다. 그저 UCLA에 관심을 가졌을 뿐이라면 도파민이 소량 분비되는 정도에 그쳤을 것이다. 그러나 나는 그 관심을 등한시하지 않고 곧바로 미국으로 날아가 UCLA 캠퍼스를 둘러보았다.

그러자 관심을 넘어 마음속 깊은 곳에서 우러나오는 설렘을 체험할 수 있었고, 그 체험은 사건 기억과 감정 기억으로 각인되었다. 그 후 일본으로 돌아와 꿈이 이루어진 모습을 상상할 때도 이전보다 더 현실처럼 느껴졌다. 즉 **뇌의 상상력에는 무엇보다 체험이 가장 중요하다.**

나는 실제로 캠퍼스를 둘러본 덕분에 이미지 트레이닝을 더욱 생생하게 할 수 있었고, UCLA에서 뇌 과학을 공부하는 내 모습을 현실처럼 상상할 수 있게 되자 가슴은 더욱 설레었다. 이렇듯 도파민이 마구 샘솟는 상태에서 시작한다는 전제 조건이 있었기 때문에 미국으로 건너가기 전에 느꼈던 불안과 커뮤니티 칼리지에 대한 부담에도 굴하지 않고, 노르아드레날린을 원동력으로 삼아 깊은 집중 상태를 유지해 힘든 시간을 이겨 낼 수 있었다.

'열정적인 뇌 = 깊은 집중 상태'를 만들기 위해서는 도파민 선행형 집중을 전제로 해야 하며, 그래야만 노르아드레날린과 공생하는 상호 작용 효과를 누릴 수 있다.

'나에게는 특별한 재능이 없다. 단지 호기심이 매우 왕성할 뿐이다.'

이 문장은 알베르트 아인슈타인이 한 말인데, 정말로 그렇다. 두근거리는 호기심을 전제로 한 집중력은 학습 능률을 단숨에 끌어올린다. '열정적인 뇌 = 깊은 집중 상태'를 원한다면 먼저 도파민의 분비량은 많고, 노르아드레날린의 분비량은 적은 도파민 선행형 집중이 이루어져야 한다.

그러기 위해서는 도파민이 분비되는 시점에서 **지금 뇌에서 도파민이 분비되고 있다는 사실을 분명히 알아차리고, 설렘을 즐기는 것이 중요하다.** 하고 싶은 일이나 좋아하는 일, 흥미와 관심, 호기심이 샘솟는 일에 주의를 기울여 보자. 멀리 돌아가는 듯해도 그것이 집중력의 에너지 시스템에 꼭 들어맞는 집중력 향상법이다.

내가 강연에서 이런 이야기를 하면 "하고 싶은 일, 좋아하는 일이 무엇인지 잘 모르겠어요."라는 말을 자주 듣는다. 하지만 하고 싶은 일이나 좋아하는 일, 관심거리나 흥미, 호기심으로 충만해지는 일을 찾지 못한 사람이라도 도파민을 분비하는 뇌 회로는 충분히 갖추고 있을 뿐 아니라 제 역할도 하고 있다.

지금까지의 인생을 돌아보면 좋아하는 일에 열심히 몰두한 적이 분명 있을 것이다. 그러나 업무나 공부에 집중하려고 하면 감이 잘 잡히지 않는다. 이는 **도파민이 분비되는 순간을 의식해 본 경험이 적기 때문이다.** 현출성 네트워크가 '지금 가슴이 벅차올라.', '생각보다 재밌는걸.'

하고 인지하면, 주의 집중 네트워크를 활용해 그 두근거림과 재미를 온전히 즐기는 데 집중해 보자.

일본의 교육은 학생들의 뇌가 반응하는 흥미나 관심, 호기심은 무의미하다고 단정 짓고, 대부분 지금 해야 할 공부나 열심히 하라고 강요한다. 당연히 나를 포함한 많은 사람이 그러한 영향을 받아 도파민 작용을 활성화하는 집중력 사용법에 익숙지 않다.

그러나 이제부터는 **지적 호기심, 몸을 움직이는 즐거움, 무언가를 발견할 때 느끼는 기쁨, 신기한 경험에서 오는 놀라움을 소중히 여기자.** 만약 당신이 아이를 키우고 있거나 일이 서툰 사람을 가르쳐야 한다면 상대방이 보이는 호기심을 소중히 여겨 그 싹을 꺾지 말고 고이 키워 주기를 바란다.

우선 별다르지 않은 일상 속에서 흥미나 관심사, 호기심을 알아차리고 마음껏 즐겨 보자. 그러한 신경 회로를 사용하지 않는 사람은 커다란 꿈이나 목표를 가지고 있더라도 도파민을 계속해서 분비하기 어렵다. 반면 **도파민의 효과를 끌어올리는 사람은 평소에도 호기심 안테나를 세우고 다닌다.**

'나는 이런 것밖에 못 해.'가 아닌 '이런 것도 할 수 있어.'라고 생각해 보자. 다양한 경험을 통해 배우려는 마음가짐이 중요하다. 지적 호기심, 신체 활동으로 얻는 즐거움, 발견의 기쁨, 생소한 경험이 가져다주는 놀라움이 집중력을 높이는 데 중요하다는 사실을 이해하면, 그 사실이 기억 드리븐에 남아 행동을 바꾼다. 도파민 선행형 집중을 중요하게 여기고, '열정적인 뇌 = 깊은 집중 상태'를 만드는 데 시간을 들이자.

POINT 즐거움과 함께 도파민이 분비되는 감각을 즐기자.

도파민이 분비되는 순간 의식을 집중하는 방법

나는 커피를 좋아해서 매일 즐거운 마음으로 커피를 내린다. 사실 도파민이 가장 많이 분비될 때는 커피를 마시기 위해 도구를 준비하고 커피를 내릴 때이다. 그리고 커피를 마시는 동안에는 도파민의 분비가 조금씩 줄어든다. 대신 원하던 맛과 향을 즐기면서 '맛있어.' 하고 자각하면 이번에는 베타 엔도르핀의 분비량이 늘어나 도파민이 만들어 낸 깊은 집중 상태가 유지된다.

좋아하는 일, 호기심을 불러일으키는 일에 주의를 집중할 때도 같은 작용이 일어난다. 다만 원하는 목표를 이룬 순간보다는 그것을 원할 때 도파민의 분비량이 증가한다. 이 메커니즘을 이해하면 언제 도파민이 분비되는지 의식적으로 느낄 수 있다.

나처럼 커피와 같은 기호품을 준비해서 일하거나 공부할 때 따로 시간을 마련해 이 시간을 즐겨 보아도 좋다. 프로 야구 선수가 자신이 사용하는 배트나 글러브에 애착을 보이거나 작가가 자신만의 만년필이나 원고지를 고집하듯이 평소 아끼는 물건을 집중력을 높이는 데 활용해 보자.

- 사무실에 갖추어져 있는 키보드 대신 터치가 익숙한 개인 키보드를 사용한다.
- 마음을 정화해 주는 작은 다육 식물 화분을 책상에 두고 쉬는 시간에 감상한다.
- 간식 시간을 정해 두고 업무에서 벗어나 좋아하는 초콜릿을 먹으며 휴식을 취한다.

핵심은 애용품이나 편안한 환경을 즐기면서 기분이 좋을 때 도파민이 분비되는 감각을 느끼는 것이다. 그것이 긍정적인 자극을 주어 눈앞에 놓인 업무의 능률을 높이는 데 영향을 미친다. 기호품이나 애용품을 사용할 때 느끼는 기쁨이 도파민 분비량을 늘리고 노르아드레날린 분비량을 줄여 집중력을 높이며, 그렇게 얻은 집중력은 다시 업무를 시작한 뒤에도 얼마간 유지된다.

달리 말하면 이는 징크스나 부적에 가깝다고 할 수 있다. 그러나 뇌 속 신경전달 물질의 분비라는 관점에서 보면 이는 단순한 징크스나 부적보다 큰 효과를 발휘한다.

또 하나 중요한 것은 기호품이나 애용품을 즐기는 휴식 시간이 능률을 높여 준다는 믿음이다. 믿으면 플라세보 효과가 일어나고 도파민 분비량이 늘어나며, 노르아드레날린이 적당히 분비되어 집중력을 유지하는 데 도움을 준다.

균형 잡힌 집중력을 유지하는 베타 엔도르핀

이어서 집중력과 관련이 깊은 3가지 신경 전달 물질 중 **'베타 엔도르핀'**에 대해 자세히 살펴보자. 베타 엔도르핀은 좋아하는 일을 할 때, 집중하여 무언가를 즐길 때 분비되는 신경 전달 물질이다. 쾌락 호르몬으로 알려져 있으며, '두뇌 속 아편'으로도 불린다. 어느 쪽이든 **베타 엔도르핀은 기쁨, 즐거움, 설렘과 같은 긍정적인 감정을 느낄 때 분비되는 호르몬**이다. 집중력과의 관계로 보면 베타 엔도르핀은 뇌 속 도파민의 분비를 촉진하고, 노르아드레날린과 함께 다량으로 분비되는 스트레스 호르몬인 코르티솔을 완화하는 작용을 한다.

조금 전문적인 내용이지만, 뇌에는 측좌핵NAcc, Nucleus Accumbens이라는 부위가 있으며, 측좌핵은 도파민을 방출하는 복측 피개 영역VTA, Ventral Tegmental Area의 작용을 억제한다. 이는 감정이 너무 고양되는 것을 막기 위한 작용으로, 살아가는 데 꼭 필요한 메커니즘이다.

다만 집중력을 높이려면 도파민이 오랜 시간 분비되어야 하므로 측좌핵의 작용을 억제할 방법이 필요하다. 이럴 때 도움이 되는 호르몬이 베타 엔도르핀이다. 분비된 베타 엔도르핀은 측좌핵의 작용을 억제하고, 뇌에서 도파민이 계속 분비되도록 돕는다.[*10] 즉 **도파민 선행형 집중을 유지해 학습 능률을 높이고 집중력을 끌어올린다.** 자세한 내용은 뒤에서 설명하겠지만, 노르아드레날린과의 관계에서도 베타 엔도르핀은 효과적인 작용을 보이며, **균형 잡힌 집중 상태를 유지하도록 돕는다.**

커다란 꿈과 목표는 그 자체만으로도 가슴 뛰게 하고 도파민의 분비를 촉진시킨다. 하지만 현실의 벽은 높아서 꿈을 이루기까지는 오랜 시간이 걸린다. 당연히 그동안 가슴 뛰는 순간이 계속되지는 않으며, 높은 벽에 부딪혀 실패하기도 하고 주변 사람들에게 찬물을 끼얹는 말을 듣기도 한다. 그러면 스트레스가 쌓여 노르아드레날린 선행형 집중이 앞서고 어느새 의무감과 사명감으로 떠밀리듯 무언가를 하게 된다. 처음에만 도파민 선행형 집중이 작용한 것이다. 처음에만 열심히 집중하고, 금세 질려버리는 경우는 도파민의 효과가 일시적으로 나타난 것이다. 이때 의도적으로 베타 엔도르핀의 분비를 촉진할 수 있다면 오랜 시간 몰입할 수 있다.

POINT 베타 엔도르핀은 집중력을 유지하는 데 도움을 준다.

놀 땐 놀면서
베타 엔도르핀을 활성화한다

베타 엔도르핀을 활성화하는 데에는 '즐기는 능력'이 매우 중요하다. '밖으로, 좁게' 입문 집중과 '밖으로, 넓게' 부감 집중으로 바깥에서 일어나는 일을 즐기는 것도 좋지만, '안으로, 좁게' 기명 집중과 '안으로, 넓게' 자재 집중을 이용해 내면으로 시선을 돌려 받아들인 정보와 머릿속 기억을 대조해 보는 즐거움도 필요하다.

즐거운 내적 경험을 쌓은 사람은 베타 엔도르핀의 작용을 효과적으로 누릴 수 있다. 그리고 무언가를 즐기는 능력은 누구나 갖추고 있다. 그러나 오랜 시간 일상생활에 치이다 보면 어느덧 뚜껑을 덮어 자기 능력을 가두어 버린다.

베타 엔도르핀의 힘을 빌리고 싶다면 **어린 시절 열중했던 놀이, 어른이 되어서도 몰두할 수 있는 취미를 찾아보자.** 많은 사람이 즐기는 평범한 취미여도 좋고, 당신만이 아는 독특한 취미여도 상관없다. 지금 느끼는 즐거움을 진심으로 만끽하는 것이 중요하다. **그러면 이때도 'Use it or Lose it' 원칙이 작용하여, 즐기는 능력을 키울 수 있다.**

만약 주변에 공부나 업무 면에서 부러울 만큼 놀라운 집중력을 발휘하는 사람이 있다면 그 사람은 '잘 놀고, 공부도 잘하는' 일종의 놀이 천재와 같은 면모를 지녔을 것이다. 그런 사람은 놀이를 통해 키운 즐기는 능력을 공부나 업무에도 활용한다. 따라서 도파민과 노르아드레날린이 적당량 분비되고, 베타 엔도르핀도 효과적으로 작용하는 높은 집중력을 보인다.

'열심히 놀고 열심히 공부한다.'라는 말은 보통 '열심히 공부한 대가로 재미있게 논다.'라는 뜻으로 쓰이지만, 여기에서는 '놀 땐 마음껏 놀고, 놀면서 배운 진짜 집중력을 공부에도 활용한다.'라는 의미로 쓰인다. 취미 시간인데도 '이따가 남은 일을 정리해야지.'라고 생각하거나, 모처럼 평일에 휴가를 내고 여행을 왔는데 '이럴 때 휴가를 내다니 회사 동료들에게 민폐인 것 아닌가?'라고 생각한다면 이는 놀이를 진심으로 즐기는 것이 아니다. 집중력을 높이고 싶다면 놀이 그 자체를 진심으로 즐길 줄 알아야 한다.

다음 이야기는 나의 강연을 들은 30대 회사원이 남긴 후기인데, 그는 일정에 취미 시간을 먼저 넣어 보겠다고 결심했다고 한다.

'놀이와 즐거움에 대해 생각하다가 문득 매일 일어나서 잠들 때까지 획일화된 나의 일상을 깨닫고 깜짝 놀랐다. 자투리 시간이나 취미 시간도 없는 빡빡한 일상에 익숙해져 있던 것이다. 매일이 정해진 일정으로 꽉 차 있었다. **쫓기는 느낌을 줄이기 위해서라도 일부러 취미 시간을 마련할 필요가 있다고 느꼈다.**

스즈키 이치로 선수는 시합이 시작되는 시간부터 역산하여 습관을 정했다는 이야기를 책에서 읽은 적이 있다. 그 방법을 본보기 삼아 취미 시간을 우선으로 넣어 일정을 짜 보려고 한다. 누구에게도 방해받지 않는 시간을 만들어 무엇을 어떻게 즐기면 좋을까? 이런 생각은 강좌를 듣고 나서 일어난 변화 중 하나다. 가슴이 두근거린다.'

쉴 때는 쉰다. 놀 때는 논다. 즐길 때는 마음껏 즐긴다. 그때 느낀 기쁨과 설렘은 도파민과 베타 엔도르핀의 작용을 돕는 뇌의 회로를 강화한다.

POINT 집중력이 좋은 사람은 취미를 즐기는 시간을 소중히 여긴다.

유산소 운동으로 베타 엔도르핀의 분비를 촉진한다

즐기는 능력과는 별개로 베타 엔도르핀을 촉진하는 방법이 있다. 바로 운동이다. 1980년대에 이루어진 운동 생리학 연구를 통해 심폐 기능을 강화하는 운동을 하면 뇌에서 베타 엔도르핀이 분비되어 고양감과 만족감이 높아진다는 사실이 밝혀졌다.

러너스 하이**Runners' High**(중간 강도로 30분 이상 달렸을 때 느껴지는 쾌감-옮긴이)라는 말을 들어 본 적이 있을 것이다. 운동을 할 때 신체적 고통, 통증, 피로 등을 느끼면 고통을 완화하려는 반응이 나타난다. 이러한 반응을 호메오스타시스**Homeostasis**(항상성)라고 하는데, 이는 뇌가 베타 엔도르핀을 분비해 스트레스를 완화하는 작용이다.*11

마치 고통이 심한 환자에게 의료용 모르핀을 처방하는 것과 비슷하다. 조깅 등 유산소 운동을 20분에서 30분간 지속하면 베타 엔도르핀의 분비를 촉진할 수 있다.

한번 분비된 베타 엔도르핀은 일정 시간 뇌에 머문다. 분비된 베타 엔도르핀은 적어도 금방 사라지지 않으며, 몇 분에서 몇십 분까지 유지된다. 따라서 조깅이나 근력 운동 등 신체에 부담을 주는 유산소 운동을 하고 나서 집중이 필요한 일을 하면 높은 집중력과 효과적인 학습 능률로 성과를 얻을 수 있다.

실제로 수업하기 전에 운동을 한 그룹과 그렇지 않은 그룹을 대상으로 비교 연구를 진행한 결과, 운동한 뒤에 공부한 그룹은 시험에서 높은 점수를 받았다.*12 이는 운동할 때 분비된 베타 엔도르핀의 효과로 집중력과 기억력이 향상되었기 때문이다. 일과에 신체 활동 시간을 넣어 의도적으로 베타 엔도르핀을 유도하는 습관을 기르면 스스로 집중력을 키울 수 있다.

위기 상황에서 집중력을 높이는 노르아드레날린

집중력과 관련 깊은 3가지 신경 전달 물질 중 마지막 하나인 **'노르아드레날린'**에 대해 알아보자. 노르아드레날린은 스트레스를 느낄 때 분비되며, 적당량의 노르아드레날린은 집중력을 높이는 효과가 있다. 다만 노르아드레날린이 과도하게 분비되면 그것과 함께 합성되는 스트레스 호르몬인 코르티솔의 작용으로 전전두엽 피질의 기능이 저하되고, 집중력이 급격하게 떨어진다. 따라서 노르아드레날린이 적절하게 분비되면 단기적으로는 집중력과 능률이 높아진다고 볼 수 있다.

노르아드레날린 선행형 집중은 독특해서 여러 대상에 몰두하는 집중력을 단숨에 끌어올린다. 이는 언뜻 대단해 보이지만 해야 할 일과는 상관없는 잡음에도 예민하게 반응한다. 따라서 **노르아드레날린으로 집중력을 높일 때는 앞 장에서 소개한 입문 집중처럼 가능한 한 집중 대상에만 몰입할 수 있는 환경을 조성하는 것이 중요하다.**

비록 주변에 잡음이 많더라도 순간적으로 몰입할 수 있다면 노르아드레날린 선행형 집중일지라도 웬만큼은 집중력을 발휘할 수 있다. 그러나 시간이 흐를수록 스트레스 호르몬도 합성되므로 결국에는 집중력이 흐트러지고 만다. 즉 **반드시 해내야 하는 고비 하나를 넘기고 나면 서서히 주변 환경이 신경 쓰이기 시작하면서 주의가 산만해진다.** 집중력이 떨어지는 것이다.

예컨대 카페 한 귀퉁이에서 마감이 코앞에 닥친 기획서를 작성하거나, 오후에 쓸 프레젠테이션 자료를 정리하고 있다고 해 보자. 한 시간 동안 온전히 집중해서 필요한 자료를 완성했지만, 노트북에는 정리해야 할 다른 일이 여전히 남아 있다. 같은 카페의 같은 자리에서 다시 작업을 시작해 보지만 옆자리에 앉은 손님들의 대화, 점원끼리 주고받는 말, 식자재를 조리하는 냄새, 창밖으로 보이는 풍경 등에 주의를 빼앗겨 집중하기 힘들다.

이는 노르아드레날린 선행형 집중일 때 다량의 코르티솔이 분비되기 때문이다. 따라서 감정을 관장하는 편도체가 서서히 활성화되고, 주의 집중 네트워크를 작동시키는 전전두엽 피질의 기능이 저하된다. 하나의 대상에 집중하기 어렵고 주의가 산만해져 스트레스는 더욱 커지며, 지금 처한 상황을 피하고만 싶어진다.

때문에 **업무상 납기나 마감 등이 임박해 올 때 '위기 상황에서 초월적인 힘'이 나오는 노르아드레날린 선행형 집중은 금세 흐트러지고 만다.** 이를 막고 집중력을 유지하려면 베타 엔도르핀의 힘을 빌려 도파민 분비를 촉진하는 것이 효과적이다.

반드시 맞춰야 하는 납기, 부담이 큰 업무 등 내키지 않는 상황을 해결해야 할 때 노르아드레날린 선행형 집중은 동기 부여 역할을 한다. 그러나 동시에 스트레스도 심해지므로 집중력이 오래 유지되지는 않는다. 그럴 때일수록 꿈과 목표를 다시금 떠올려 가슴 뛰도록 만들어야 한다.

다만 그것은 절대 간단한 일이 아니다. 스트레스와 즐거움이라는 일견 상반된 감정을 동시에 다루려면 평소에 호기심을 소중히 여기고 내면에서 꿈과 목표를 키워야 한다. 평소에 자신이 바라는 모습, 꿈, 목표를 상상해 기억으로 강하게 남기면 비로소 스트레스가 원동력으로 바뀌어 높은 집중력을 발휘할 수 있다.

바쁠 때일수록 당장 해야 할 일에 쫓겨 여유가 사라지고, 즐거워할 겨를이 없다. 또 납기가 가까워질수록 여유를 되찾을 자신만의 시간을 마련하기 어렵다. 그러나 **업무와 약간의 거리를 두고 여유로운 시간을 보내면 뇌는 노르아드레날린 선행형 집중에서 벗어나 노르아드레날린과 도파민, 베타 엔도르핀이 적절히 조화를 이루는 완벽한 상태를 만든다.** 그렇게 높아진 집중력은 꿈과 목표에 한 걸음 가까이 데려가 줄 것이다.

POINT 위기를 극복하는 노르아드레날린 선행형 집중은 오래 유지되지 않는다.

노르아드레날린 선행형 집중을 유지하는 방법

노르아드레날린 선행형 집중으로 시간적 부담과 싸우고 있을 때, 높은 집중력을 유지하기 위해서는 꿈과 목표를 다잡을 뿐 아니라 적절하게 휴식하는 것이 효과적이다. 여기에서 말하는 적절한 휴식이란 도파민과 베타 엔도르핀의 분비를 촉진하는 시간을 의미한다.

예를 들어 지금 안간힘을 다해 몰두하고 있는 일을 마치고 난 뒤, 하고 싶은 일이나 함께 기뻐해 줄 사람을 떠올려 보자. '이 일은 꼭 해야만 해.', '어떻게든 일정에 맞춰야 해.' 하고 고군분투하게 만드는 노르아드레날린 선행형 집중은 '밖으로, 좁게' 집중과 '안으로, 좁게' 집중 상태이므로 아무래도 시야가 좁아진다.

핵심은 지금 처한 상황 속에서 잠시 심호흡하듯 쉬는 시간을 마련하는 것이다. 쉴 때는 의도적으로 '밖으로, 넓게' 부감 집중과 '안으로, 넓게' 자재 집중을 이용한다. 느긋한 마음으로 바깥 풍경과 자연을 바라보자. 그러고 나서 긍정적인 생각으로 주의를 돌려 '이 일이 끝나면 가족들이랑 놀러 가야지.', '납기를 제때 맞추면 거래처에서 흡족해할 거야.' 하고 부담감에 가려진 기쁨에 주목한다.

그리고 자연스럽게 마인드 원더링을 하면서 '그런데 그 드라마는 마지막에 어떻게 끝날까?', '우리 딸 얼른 보고 싶다.' 하고 제한 없이 자유롭게 생각을 펼쳐 나간다. 그렇게 힘든 상황 속에서도 짬을 내어 자신을 위한 일, 긍정적인 감정을 찾아내면 도파민과 베타 엔도르핀의 분비가 촉진된다. 더 나아가 '도파민이 분비되는 순간 의식을 집중하는 방법'에서 다루었듯이 휴식 시간에 좋아하

는 일, 도파민의 분비를 돕는 행동을 즐겨 보자.

나는 노르아드레날린 선행형 집중을 도파민 선행형 집중으로 바꾸고 싶을 때 정성스럽게 커피를 내리며 '이 제안서를 완성해서 보여주면 클라이언트가 분명 놀랄 테고, 내 연구 발표를 듣는 사람들이 관심을 보일 거야.' 하고 의식적으로 긍정적인 생각에 주목한다. 또 가족을 떠올리며 느긋하게 커피 내리는 소리, 맛과 향기를 충분히 음미하면서 마인드 원더링을 한다. 상상하며 느끼는 기쁨과 설렘만으로도 도파민과 베타 엔도르핀이 분비되고, 자신이 좋아하는 일을 진심으로 즐길 때도 같은 효과가 나타난다.

바쁠 때일수록 커피 향을 음미하기보다는 단지 잠을 깨려고 커피를 마시는 무의미한 휴식 시간을 보내기 쉽다. 그러지 말고 마음을 다해 짧고 만족스러운 휴식 시간을 보내자. 그러면 쉬는 시간에 도파민과 베타 엔도르핀이 분비되고, 합성된 도파민과 베타 엔도르핀이 앞으로 해야 할 일이나 공부에 긍정적인 영향을 미칠 것이다.

앞서 말했듯이 유산소 운동으로 베타 엔도르핀의 분비를 촉진하는 방법도 효과적이다. 마음이 조급할 때는 밖으로 나가서 가볍게 뛰거나 녹음이 우거진 공원을 걷고, 또는 헬스장에 가서 몸을 단련하는 등 몸을 움직인다. 이렇듯 몸을 움직여 베타 엔도르핀을 분비시키면 노르아드레날린 선행형 집중을 도파민 선행형 집중으로 바꿀 수 있다.

의식적으로 컨디션을 조절해 보자. 그러면 신경 쓰이던 잡음이 사라지고, 다시 1가지 일에 몰두하고 있는 자신을 발견할 것이다.

노르아드레날린이라는 부채질

도파민은 전전두엽 피질에 작용해 잡음을 줄이고 집중력을 끌어올린다. 또 해마와 편도체에 작용해 기억력을 높이고 학습 능률을 올리는 데에도 도움을 준다.

뇌는 즐거움을 피와 살로 만들기 위해 입문 집중과 기명 집중을 사용하는 메커니즘을 갖추고 있다. 그래서 강하게 남은 기억을 부감 집중과 자재 집중에도 활용할 수 있다.

그러나 도파민 선행형 집중만으로는 최상의 능력을 발휘하기 어렵다. 한 단계 더 높은 집중력인 '도파민과 노르아드레날린 모두 적당량 분비되면서 베타 엔도르핀도 작용하는 상태'로 들어가려면 노르아드레날린이 반드시 필요하다.

앞서 말했듯이 도파민과 노르아드레날린, 베타 엔도르핀이 균형을 이루어야만 집중력을 높일 수 있다. 나는 도파민 선행형 집중 상태일 때 의도적으로 노르아드레날린을 이용하는 방법을 '**노르아드레날린 부채질**'이라고 표현한다.

나는 3~4년 전부터 많은 출판사에서 이 책을 비롯해 20권이 넘는 책의 집필을 의뢰받았다. 의뢰를 받고 책을 기획할 때는 가슴이 마구 뛰는 도파민 선행형 집중 상태였다. 그러나 당장 해야 할 일이 몇 가지 있었고,

작가가 본업이 아니었던 터라 "당분간은 어려울 것 같습니다."라고 답했다. 그럼에도 출판사 담당자들은 기다리겠다고 말해 주었다.

극단적인 표현이긴 하지만 이렇게 되면 앞으로 평생 책을 출판하기는 어려울 것이다. 구체적인 작업으로 이어지지 않았기 때문이다. 물론 책 출판을 생각하지 않았던 것은 아니다. 틈만 나면 '안으로, 넓게' 자재 집중 혹은 '밖으로, 넓게' 부감 집중을 활용해 기획안을 궁리하곤 했다.

- '이런 기획은 어떨까?'
- '이렇게 분류해서 정리하면 재밌겠군.'
- '최신 연구 자료를 넣으면 더 좋을 것 같아.'

도파민 선행형 집중 상태였으므로 사고하고 상상하는 과정이 더욱 즐거웠다. 그러나 **먼저 처리해야 할 일이 산더미처럼 쌓여 있어 집중력이 떨어지는 바람에 원고를 쓰지는 못했다.** 그렇게 2년, 3년을 보낸 뒤 큰 프로젝트를 마무리 짓고 나서야 책 쓰는 시간을 업무 일정에 넣을 수 있었다. 해야 할 업무 중 하나로 책 출판을 추가한 것이다.

출판사 담당자에게 연락해 구체적인 기획 방향을 잡은 뒤 대략적인 출판 일정도 상의했다. 그러자 일정 기간 안에 마쳐야 할 작업도 정해졌다. **책 출판에 대한 기대감에 들떠 도파민 선행형 집중 상태로 들어섰을 때, '마감일'을 정하여 노르아드레날린을 부채질로 삼은 것이다.**

그리하여 고된 작업이었지만, 높은 집중력을 발휘해 즐겁게 상상의 나래를 펼치던 기획안을 원고로 옮길 수 있었다. 여기에서 핵심은 스스로 노르아드레날린을 부채질로 삼는 마음가짐이다. 또는 업무 관계자에게 독촉해 달라고 부탁하는 자세 그리고 스스로 내린 선택에 수긍하는 태도다.

도파민 선행형 집중으로 떠올린 긍정적인 이미지와 노르아드레날린의 긴장감을 에너지로 바꾸어야 한다. 이 **2가지 신경 전달 물질이 균형을 이루어 서로 힘겨루기를 할 때 최고의 집중력을 발휘할 수 있다.**

POINT 도파민 집중형 + 노르아드레날린 = 초집중

음악으로 기분을 전환해 집중력을 높인다

강연이나 프레젠테이션을 앞두고 많은 사람 앞에서 긴장하게 될 때 본래 능력을 펼치기 위해 내가 중요하게 여기는 사전 준비가 있다. 2장과 3장에서 소개한 호흡법에 좋아하는 음악을 섞어 '도파민과 노르아드레날린이 적당량 분비되고 베타 엔도르핀도 효과적으로 작용하는 상태'를 만드는 작업이다.

나는 록 밴드 사잔 올 스타즈를 좋아하는데, 특히 〈희망의 바퀴 자국〉이라는 곡을 들으면 기분이 들뜬다. 인간의 뇌는 음악에 반응하며, 그 영향으로 심리적 안정을 얻고 도파민과 베타 엔도르핀 등의 신경 전달 물질을 분비한다는 사실이 밝혀졌다. 즉 음악에는 집중력을 높이는 힘이 있다.

다만 그러한 반응을 일으키는 곡은 '어떤 장르의 음악'이라고 딱히 정해져

있지 않고, 개개인이 가지고 있는 기억과 관련이 깊다. 모차르트와 같은 클래식 음악만이 효과를 보이는 것은 아니다.

기분이 고양되는 곡이나 좋아하는 장르의 음악을 들으면 집중 상태로 들어서는 스위치를 누를 수 있다. 좋아하는 곡을 들으면 마음이 편안해진다. 게다가 좋은 음악은 마음을 평온하게 하고, 신나는 후렴구는 즐거움과 가슴 뛰는 고양감을 느끼게 한다.

나의 경우 이어폰을 낀 채 눈을 감고 〈희망의 바퀴 자국〉을 들으며, 왼손이 아래로 내려가도록 손바닥을 대고 손가락 안쪽을 맞잡는다. 그리고 전주가 흐르고 마음이 안정되면 호흡법을 시작한다. 천천히 길게 숨을 내쉬고, 천천히 길게 숨을 들이쉰다. 이때 내쉬는 숨의 길이를 의식해야 한다. 숨을 제대로 내쉬면 자연스럽게 많은 공기를 들이마실 수 있다.

그리고 예의에 조금 어긋나지만, 음악에 맞추어 다리를 아래위로 흔들흔들 움직인다. 앉아서 미세하게 스텝을 밟는 느낌으로 마음을 안정시키면 서서히 뇌가 맑아진다. 충분히 마음이 편안해지면 발동작은 멈추고 〈희망의 바퀴 자국〉에 의식을 집중해 고양감을 느낀다. 호흡법과 다리를 흔들거리는 동작을 1분~2분 정도 실시한다.

이제부터 열정적인 뇌를 목표로 음악에 집중하고 곡이 절정에 다다르면 가슴 뛰는 고양감을 즐긴다. 그러면 뇌에서는 베타 엔도르핀이 분비되어 도파민이 계속 분비되도록 돕는다.

충분히 음악을 즐겼다면 눈을 뜨고 이어폰을 뺀 뒤 실전에 들어간다. 긴장감과 함께 노르아드레날린이 분비되지만, 앞서 분비된 도파민과 베타 엔도르핀이 이에 대항하여 균형을 이룬다.

이 방법이 내가 원할 때 집중력을 높이는 나만의 루틴이다. 당연히 모든 사람이 〈희망의 바퀴 자국〉을 듣고 고양감을 느끼는 것은 아니므로 당신이 좋아하는 곡, 추억이 깃든 곡을 선택하면 된다.

프로 야구 선수 다나카 마사히로 투수는 선수 대기석에서 여자 아이돌 그룹 '모모이로 클로버 Z'의 노래를 즐겨 듣는다고 한다. 그리고 투수 마운드에 오를 때 그 곡을 등장곡으로 사용한다는 사실은 널리 알려져 있다. 누군가에게 추천받은 곡이 아닌 자신의 기억과 관련된 곡을 선택하는 것이 중요하다. 또 고양감과 몰입감을 주는 것이라면 꼭 음악이 아니어도 좋다.

내가 아는 프로 야구 선수는 시합 전에 야구 만화에서 본 감동적인 장면을 떠올린 뒤 경기장에 들어간다고 한다. 몇 번을 읽어도 감동적인 장면이나 대사를 동기 부여로 삼아 집중력을 높이고, 시합에서 본래 능력을 발휘하는 것이다. 그러한 성공 경험이 기억에 남으면 동기를 부여한 장면과 대사가 더욱 집중력을 높이는 선순환을 불러온다.

호흡법으로 마음을 편안하게 하고, 베타 엔도르핀의 작용을 촉진하는 자신만의 방법을 활용해 집중력을 키워 최고의 능력을 발휘하자.

집중력을 행복으로 바꾸는 3가지 방법

최상의 집중력을 꾸준히 발휘하려면 유의해야 할 점이 있다. 먼저 **자신의 마음에 다가가는 것이다.** 진심으로 원하는 꿈에 관심을 기울여 보자. 그리고 반드시 이루어진다고 믿는 마음이 중요하다.

꿈이란 욕망이 아니다. 바라고 원하는 것이다. 숭고한 것을 바라고 원해야 하며, 숭고하다는 것은 이기적이지 않다는 뜻이다. 사리사욕에 사로잡혀서는 안 된다. 이기적인 욕망으로 폭발적인 성장을 이룬다고 한들 타인의 도움을 받기 어렵고, 그러한 성공은 오래 지속되지 않는다. 또는 외로움이 커져 행복하기 어렵다.

머리로만 생각하지 말고 마음속 깊이 원하는 꿈을 발견해야 한다. 물론 금방 찾을 수 있는 것은 아니다. 마음속에 간직된 숭고한 꿈을 찾기 위해서는 다음의 3가지가 중요하다.

- **평소에 호기심을 중요시할 것**
- **다양한 경험을 할 것**
- **일상을 즐길 것**

호기심이란 알지 못하고 경험해 보지 못한 것에 대한 반응이다. 평소에 '새로운 것'에 관심을 기울이고 호기심을 키워온 사람은 자연스럽게 원하는 꿈을 찾아간다. 그리고 '새로움'을 강렬한 체험으로 뇌에 남기고, 꿈을 숭고한 목표로 갈고닦으려면 다양한 경험을 해야 한다.

체험에는 많은 정보가 들어 있다. 체험은 그때그때의 사건 기억뿐 아니라 감정 기억에도 영향을 미쳐 꿈을 이루는 씨앗이 된다. 그 씨앗은 책 한 권을 읽는 경험, 어떤 사람과의 만남, 잊지 못할 이별 또는 오랜 시간 해 온 일일지도 모른다. **꿈을 이루는 씨앗을 뿌린다는 마음가짐으로 다양한 경험을 쌓는 것이 중요하다.**

새로운 경험을 하도록 부추기는 것은 호기심이므로 일상 속에서 호기심을 키워야 한다. 늘 마시는 커피 한 잔은 똑같은 커피가 아니다. 커피 한 잔의 다름을 즐기는 일, 돌보는 관엽 식물이 매일 새롭게 변하는 모습을 발견하는 일이 호기심을 키운다.

조금만 의식을 바꾸어 세상을 바라보면 평소 지나쳤던 일상의 재미와 매력을 깨닫게 된다. 작은 차이와 변화를 즐길 줄 아는 사람은 소소한 기쁨을 발견하고 느낄 줄 아는 사람이며, 커다란 기쁨에만 행복을 느끼는 사람보다 훨씬 풍요로운 마음을 지닌 사람이다.

POINT '새로움'을 알아차리는 사람이 행복하다.

원하는 것을 상상하면 뇌가 목표를 이룬다

앞서 말한 방법을 매일 실천하여 원하는 꿈을 찾았다면 그것을 숭고하게 갈고닦으려는 자세도 중요하다. 꿈은 본래 내면에서 떠오르므로 그대로 내버려두면 이기적인 욕망으로 변하기 쉽다. 따라서 원하는 꿈을 발견했다면 그것이 환경, 사회, 주변 사람들에게 어떤 긍정적인 영향을 미칠지 가늠해 보고 상상해 보는 일이 중요하다.

자신의 꿈이 타인을 행복하게 하고, 풍요롭게 만드는 장면을 상상하면 뇌에서는 도파민과 베타 엔도르핀이 다량 분비된다. 그리고 기쁨과 풍요를 더욱 선명하게 상상할수록 욕망은 사리사욕을 넘어 숭고한 목표로 변한다. 그렇게 찾아낸 숭고한 목표를 이루어 나갈 때, 타인의 도움을 받으면 더 크게 성장할 수 있고 행복은 배가 된다. 즉 숭고한 목표는 주변에 긍정적인 영향을 미치고, 그것은 결국 자신에게 되돌아온다.

이러한 긍정적인 순환을 상상할 때 뇌는 도파민과 베타 엔도르핀의 효과를 활용해 최고의 집중력을 발휘한다. 원하는 꿈을 기준으로 삼아 긍정적인 순환을 꾸준히 이어가는 일, 그것이 인생의 목적 중 하나다.

그렇게 갈고닦은 숭고한 꿈과 목표가 한 번의 발견으로 끝나서는 의미가 없다. 꿈과 목표를 이루기 위해 꾸준히 행동해야 한다기보다 꿈과 목표를 소중히 여기면 그에 따른 행동이 자연스럽게 나온다.

매일 3분이라도 좋으니 꿈과 목표를 마음속으로 외쳐 보자. 나는 결혼식을 올린 신사에서 받은 부적을 행복의 징표라고 믿고, 매일 아침 자신에게 말을 걸듯이 소원을 말하고 있다.

징표나 소원을 말하는 방법에 정해진 법칙은 없다. 각자 원하는 방법대로 하면 된다. 거울에 비친 자신에게 말을 걸며 셀프 토크를 하는 사람, 노트에 원하는 목표를 적는 사람, 성공한 위인들이 실천한 방법을 배우는 사람도 있다.

중요한 것은 마음을 담아 매일매일 자신의 숭고한 꿈과 목표를 외치는 것이다. 그것이 꿈과 목표를 더욱 견고하게 하고, 꿈과 목표가 이루어진 곳으로 데려갈 것이다.

뇌의 기본 원칙은 'Use it or Lose it'이다. **바라는 모습을 꾸준히 상상하면 뇌에 각인되어 견고해진다. 그리고 그것이 당신이 된다.** 디폴트 모드 네트워크가 자연스럽게 행동으로 이끄는 것이다.

꿈을 가슴에 품고 행동하면 당연히 목표를 이룰 수 있는 기회를 만날 확률이 높다. 그리고 목표를 이루는 데 필요한 정보나 사람을 만날 확률이 높아진다. 기회는 그냥 찾아오는 것이 아니라 꿈을 갈고닦는 과정에서 스스로 붙잡는 것이다.

POINT 꿈을 이루어 가는 과정에서 일어나는 긍정적인 순환이 최고의 집중력을 낳는다.

집중력을 활용해 꾸준히 성장하는 삶

물론 기회를 잡았다고 해서 반드시 성공하고 일이 잘 풀리는 것은 아니다. 그러나 **내면에서 꽃핀 숭고한 꿈과 목표는 비바람을 맞으며 빛과 물에서 양분을 얻어 점점 성장한다.**

숭고한 꿈과 목표를 따르는 경험은 설령 실패로 끝나더라도 기억으로 남아 성장을 돕고, 꿈과 목표를 보완해 더욱 뚜렷하게 만든다. 꿈과 목표를 향한 여정에서는 노르아드레날린도 다량 분비된다. 하지만 숭고한 꿈과 목표를 향해 나아가면 도파민과 베타 엔도르핀도 함께 분비되어 노르아드레날린이 적당량 분비되도록 균형을 맞추어 집중력을 높인다.

그것이 바로 당신이 가진 잠재력을 유감없이 발휘하는 상태다. 진심으로 목표에 몰입하면 당신의 인생은 분명히 풍요로워질 것이다. 마음을 다하면 실패는 더는 실패가 아니라 배움이 되기 때문이다. 실패의 원인을 타인이나 외부 상황에서 찾지 않고, 자기 자신을 돌아본다면 그것은 마음을 다했다는 증거다. 스스로 꿈을 향해 달리기 시작한 이상, 당연히 타인을 탓할 수는 없다.

실패하면 억울한 마음이 들고 그 감정에 자극을 받아, 디딤돌인 도파민 선행형 집중과 함께 더욱 커다란 발전을 이룰 것이다. 이른바 **'성**

장에 집중하는 마인드'다. 파나소닉의 창업자인 마쓰시타 고노스케도, 월트 디즈니도, 토머스 에디슨도 모두 비슷한 말을 남겼다.

"대다수의 실패는 성공하기 전에 포기하는 데 원인이 있다. 마지막의 마지막까지 포기해서는 안 된다."

나는 이 명언을 매우 좋아하고, 이 말이 옳다고 믿는다. 실패에 부딪혀 행동을 멈추는 사람은 서서히 성장이 멈춘다. 반면 어떤 체험이나 경험도 모두 배움으로 삼는 사람은 도전과 실패를 거듭하면서 꾸준히 성장하고 꿈에 그리던 목표에 도달한다.

생각지 못한 상황에 부딪혀도 포기하지 말고 원하는 모습을 솔직하게 그리면서 나아가자. **하고 싶은 일, 배우고 싶은 일에 순수한 마음으로 몰입하는 자세가 집중력을 키우는 원동력이 된다.** 그렇게 나아가다 보면 꿈과 목표가 다듬어지고 점점 변화한다. 원가지는 변하지 않지만, 곁가지는 변화를 거듭한다. **그 변화는 진화이자 환영받아야 할 일**이다.

처음에는 기명 집중으로 목표를 새기고 다양한 체험을 통해 감정 기억이 풍부해지면, 다음에는 자재 집중이 자연스럽고 창조적이며 알맞은 방식으로 당신의 행동을 이끈다.

POINT **'성장에 집중하는 마음가짐'으로 풍요로운 삶을 살자.**

당신의 마음을 움직이는 불씨는 무엇인가?

나는 UCLA에서 뇌 신경 과학 학위를 취득한 뒤 다시 일본으로 돌아왔다. 당시에는 미국에서 의사 면허를 취득하려 했기 때문에 일본에서 학비를 모아 미국으로 돌아갈 계획이었다.

컨설팅 회사에 취직하자 신기하게도 구직 활동을 하는 대학생들과 만날 기회가 많아졌다. 고등학교를 중퇴한 뒤 UCLA에 입학했다는 이력이 특이해 보였는지 SNS 등을 통해 경험담을 들려 달라는 메시지를 종종 받았다.

실제로 만나 본 학생의 대다수가 명문대인 도쿄 대학교, 교토 대학교에 다니고 있었고, 유명 기업에 입사를 앞두고 있었다. 하지만 다들 눈에 생기가 없었고, '이대로 사회에 나가도 괜찮을까?' 하는 불안감을 내비치고 있었다.

그래서 나는 주말에 그들과 대화하는 시간을 마련했다. 상담하러 오는 학생 10명 정도를 모아 한 명 한 명의 이야기를 들으며 **"뭘 하고 싶어?", "그렇게 하려면 무엇을 하면 좋을까? 사회에 어떤 긍정적인 영향을 미칠 수 있을까?"** 하고 그저 질문을 이어가는 모임이었다.

그 모임을 반년 정도 지속하고 나니 모임에 나오던 많은 학생이 입사를 포기하거나 취직을 뒤로 미루었다. 그러고 나서 자신이 하고 싶은 일을 찾기 위해 눈을 반짝이며 아프리카나 스웨덴, 미국의 하버드 등 세계 각지로 여행을 떠났다.

그들이 변하는 과정을 지켜보면서 '좋아하는 '뇌'와 사람의 성장을 돕는 '교육'을 접목한 일을 한다면 가장 행복할 것 같아!'라는 생각에 댄싱 아인슈타인이라는 회사를 설립했다. **미지로 가득 찬 뇌의 세계와 그것을 향한 끝없는 호기심, 사람의 성장에 관여하며 다른 사람의 기쁨이 나의 기쁨으로 변하는 경험을 하자 열정의 불씨가 타오르기 시작했다.**

나는 곧바로 컨설팅 회사를 그만두고 뇌와 교육을 접목한 일이 얼마나 가능성 있는지 모색하기 시작했다. 조사해 보니 미국에는 교육과 뇌 신경 과학을 접목한 'Educational Neuroscience(교육 신경 과학)'라는 새로운 학술 분야가 있었다.

'이거야!' 나는 연구자들의 이야기를 듣기 위해 다시 미국으로 떠났고, 컨설팅 회사에서 일하며 모은 돈 전부를 그 여행에 쏟아부었다. 각지에 사는 연구자들을 방문하던 중 주디 윌스 선생님을 만나면서 큰 전환점을 맞이했다.

원래 뇌신경외과 의사였던 주디 선생님은 뇌 과학 지식은 사람의 성장을 돕는 일에 쓰여야 한다는 사실을 깨닫고, 교사 자격증을 취득해 학교 교사로 일하고 있었다. 그리고 최신 뇌 연구 결과를 교육 현장에서 어떻게 활용하면 좋을지 방법을 찾기 위해 노력하고 있었다.

주디 선생님에게 내 이야기를 하자 "그거 정말 좋은 생각이군요." 하고 동의해 주었고, "당신은 앞으로 어떻게 하고 싶나요? 연구를 하고 싶나요? 아니면 현장에서 일하고 싶나요?" 하고 물어보았다. 내가 대학생들에게 질문을 던질 때처럼 말이다. 자문자답하는 동안 내가 가야 할 길이 뚜렷하게 보이는 듯했다. **지금까지 꾸준히 뇌 신경 과학을 배우고 연구해 왔지만, 내가 진짜 원하는 길은 '배운 지식을 활용하는 일'이라는 사실을 깨달은 것이다.** 주디 선생님은 내 대답을 듣더니 "자, 당신이 앞으로 해야 할 일은 현장을 알아 가는 거예요." 하고 격려해 주었다.

나는 뇌 과학 관점에서 바라본 교육 아이디어는 가지고 있었지만, 학교와 사회의 교육 현장이 실제로 어떻게 돌아가는지는 전혀 알지 못했다. 현장을 모르면 무슨 말을 해도 탁상공론일 뿐이다. 그래서 일본으로 돌아온 뒤 "돈은 필요 없으니 이런 프로젝트를 해 보면 어떨까요?" 하고 여러 학교에 연락해 보았다. 그러나 문전박대를 당하거나 깜깜무소식이기 일쑤였다. '뇌 과학 지식을 활용한다면 분명 더 좋은 교육이 이루어질 텐데….' 하고 안타까운 마음이 들었지만 생각해 보면 당연한 일이었다.

아무리 학위가 있어도 교육 현장에 종사하는 사람들이 보기에 당시의 나는 그저 무직인 젊은이에 불과했다. 교육 현장에 종사하는 사람에게 신뢰를 얻으려면 어떻게 해야 할지 고민하다가 "미래의 교육과 학습을 디자인하다."라는 콘셉트를 내걸고 주식회사를 설립했다.

그리고 뇌 신경 과학을 교육과 인재 양성 등 '사람의 성장을 돕는 분야'에 응용해 달라고 명확하게 말하자 학교 선생님들로부터 상담이 들어오기 시작했다. 선생님들이 당면한 과제를 해결하는 데 도움을 줄 수 있게 된 것이다.

그 후로 상담했던 학급이 긍정적으로 바뀌는 성공 사례가 하나씩 늘어나면서 입소문이 나기 시작했고, 학교와 사회의 교육 현장에서 일할 수 있는 기회를 얻었다. **그리고 교육과 인재 양성을 위해 일하는 동안 다시 한번 집중력의 중요성을 깨달았다.** 아무리 지식을 배운다고 하더라도 결국 '자신이 무엇을 원하는지' 알지 못하면 최고의 집중력을 발휘할 수 없다.

정신이 맑고 차분한 가운데 열정적인 마음의 불씨를 키워 나가야 한다. '나에게 성장이란 무엇인가?', '나에게 행복이란 무엇인가?'와 같은 질문에 스스로 답하며 거듭 답을 모색해 나가야만 자신이 바라는 모습을 찾을 수 있다.

더 나아가 몸소 체험한 경험 속에서 '내가 원하는 것이 타인에게 도움이 되는가?', '사람들을 행복하게 하는가?'를 묻고 시행착오를 겪을 필요가 있다. 하지만 자신의 내면을 깊이 들여다보고 탐구하며, 타인을 배려하고 꿈이 이루어진 모습을 상상하는 사람은 매우 드물다.

자기 탐구는 정해진 답이 없는 질문을 고민하는 일이기 때문에 뇌에 많은 에너지가 필요하다. 정답이 있는 질문만 풀려고 하면 정답이 없는 질문은 귀찮게 느껴진다. **따라서 의식적으로 고민하려 하지 않는 한 자기 자신을 향해 '안으로, 좁게' 또는 '안으로, 넓게' 집중해 원하는 모습을 그리기**

힘들고, 자신에 대해 알기도 어렵다.

하지만 늘 그렇듯 나는 나와, 당신은 당신과 언제나 함께다. 항상 함께하기 때문에 잘 안다고 생각하기 쉽지만, 사실 타인과 마찬가지로 자기 자신과 소통하지 않으면 '자신'을 이해할 수 없다.

'일이나 공부에 조금 더 집중하고 싶다.', '집중력을 키우고 싶다.'라고 바라는 이유는 자기 자신과 소통한 결과다. 무언가를 이루고 싶어서 집중력을 발휘하고자 하는 것이다. 그러한 바람은 '나는 어떤 모습이기를 원하는가?' 하는 자문자답의 형태 중 하나다.

물론 그 질문에 만인에게 공통되는 정답은 없다. 같은 사람일지라도 나이나 주변 환경의 변화에 따라 그때그때 대답이 바뀔 것이다. 그래서 **우리는 항상 '나는 무엇을 원하는가?' 하고 자신에게 끊임없이 물어야 한다.** 그러한 질문이 마음의 불씨가 되어 행동을 불러일으키고 경험을 쌓아 가는 가운데 타인의 삶에 이바지하며, 자기 자신 또한 풍족하게 만든다.

뇌의 메커니즘은 아직 전부 밝혀지지 않았다. 그러나 이전보다 많은 발견을 이루어 냈다. 그동안 발견한 지식을 활용해 인류가 더욱 성장하고 행복해지는 데 도움이 될 만한 실마리를 제시할 수 있기를 바라면서 이 책을 집필했다. 4가지 '집중력'을 활용해 당신이 더욱 성장하고 행복하기를 진심으로 바란다.

2021년 3월

DAncing Einstein 대표 아오토 미즈토

참고문헌

*1 Menon, V. (2015), Salience Network, Brain Mapping: An Encyclopedic Reference, Elsevier Inc., pp. 597-611.

*2 Hanson, R., 『Hardwiring Happiness: The New Brain Science of Contentment, Calm, and Confidence』, Harmony Books.

*3 Leisman, G., Mualem, R., & Mughrabi, S. K. (2015), The neurological development of the child with the educational enrichment in mind, Psicología Educativa, 21(2), 79-96.

*4 Carol S. Dweck, 『Mindset: The New Psychology of Success』, Ballantine Books.

*5 Arnsten, A. F. T. (2009), Stress signalling pathways that impair prefrontal cortex structure and function, Nature Reviews Neuroscience, 10(6), 410-422.

*6 Pavuluri, M., & May, A. (2015), I Feel, Therefore, I am: The Insula and Its Role in Human Emotion, Cognition and the Sensory-Motor System, AIMS Neuroscience, 2(1), 18-27.

*7 Leech, R., & Sharp, D. J. (2014), The role of the posterior cingulate cortex in cognition and disease, Brain (London, England: 1878), 137(Pt 1), 12-32.

*8 Beaty, R. E., Benedek, M., Silvia, P. J., & Schacter, D. L. (2015), Creative Cognition and Brain Network Dynamics, Trends in Cognitive Sciences, 20(2), 87-95.

*9 *5와 동일

*10 Sprouse-Blum, A. S., Smith, G., Sugai, D., & Parsa, F. D. (2010), Understanding Endorphins and Their Importance in Pain Management, Hawaii Medical Journal (1962), 69(3), 70-71.

*11 *10과 동일

*12 John J. Ratey, 『Spark: The Revolutionary New Science of Exercise and the Brain』, Little, Brown Spark.

집중의 힘

잠재력을 집중력으로 바꾸는 뇌 과학

초판 인쇄 2023년 04월 15일
초판 발행 2023년 04월 20일

지은이 아오토 미즈토
옮긴이 김나은
펴낸이 조승식
펴낸곳 ㈜도서출판 북스힐
등록 1998년 7월 28일 제 22-457호
주소 서울시 강북구 한천로 153길 17
블로그 blog.naver.com/booksgogo
이메일 bookshill@bookshill.com
전화 02-994-0071
팩스 02-994-0073

ISBN 979-11-5971-499-3
정가 16,800원